U0048776

豆腐百珍

一百道江戶古法傳授的豆腐料理專書

福田浩
杉本伸子
松藤庄平／著

游韻馨／譯

奇品……71

妙品……91

絕品……109

事前處理

料理・解說　福田浩
食譜設計　杉本伸子
攝影　松藤庄平

江戶料理與《豆腐百珍》

福田浩

江戶料理書

據說江戶時代出版的料理書，包括抄本在內不下五百冊。這些料理書不只是單純的烹飪食譜，還有食品加工與保存的相關書籍、以菜色搭配為主的參考書、解說禮法掌故的經典史籍，以及介紹甜點與藥膳的書籍。此外，料理類型也很豐富，諸如茶料理、本膳料理[1]、精進料理[2]、桌袱料理[3]、中華料理與南蠻料理[4]等，一應俱全。

《料理文獻解題》（川上行藏編．一九七八）收錄了江戶時代兩百本料理書，其中最受矚目的就是，公認為江戶時代最早刊本的《料理物語》（寬永十二年．一六四三）。這本書打破了舊時代的刻板框架，開創了新時代的料理形式，具有劃時代的意義。

日本料理的根基建立於室町後期到江戶初期（即十六到十七世紀之間），在江戶時代發展出成熟的料理型態。室町時代的料理形式是公家[5]與武家[6]的宴客料理，亦即依照禮法規定形成的式正料理[7]。

閱讀了《料理物語》的跋文之後，更讓我深刻感受到時代的變遷——

本料理書對於刀功切法沒有任何規定儀式，由於料理人人都能做，各有巧妙不同，因此沒有制式規定。本書重點在於，從說故事的角度記錄自古流傳下來的料理，故命名為料理物語。

由此可見，當時的料理早已不再受到繁文縟節的束縛。

從《料理物語》中我發現了兩件事：

第一件事是，比起河裡的魚（例如鯉魚），海裡的魚（例如鯛魚）較為高級。跋文中「對於刀功切法沒有任何規定儀式」的規定儀式，是指室町時代式正料理的四條流、大草流、進士流、生間流等各種料理流派規定的「庖丁儀式」[8]。這種儀式現在偶爾還能在神社祭典上看到。而儀式中放在砧板上的魚雖是鯉魚，但吃起來的味道不輸給鯛魚。海魚會比較高級，是由於當時在京都能吃到的海魚，都是從若狹灣上岸且經過鹽漬處理的魚。京都算是「川之都」，食用上以河川魚類為主；相對於此，江戶臨近漁獲豐饒的江戶灣，屬於常吃海洋魚類的「海之都」。從庖丁式使用的魚即可得知，隨著政權從京都轉移至江戶，食物與料理也產生了極大變化。

第二件事就是，日本人在江戶初期已經出現吃獸肉的習慣。當時會將鹿肉、豬肉、貉肉、兔肉、水獺肉、熊肉與狗肉，做成湯品、田樂[9]或貝燒[10]等料理。而且在貉肉湯或鹿肉湯中使用大蒜提味的作法，在那個年代也很少見。跋文所提及的「自古流傳下來」，亦包含吃獸肉料理的習慣。由此可見，即使當年盛行禁吃葷食的佛教信仰，人們依舊無法忘懷肉類的美味。

元祿時代（一六八八～一七〇三）前後也出版了許多料理書。

《江戶料理集》（延寶二年・一六七四）是一部由六卷六冊集結而成的大部頭書，內容比《料理物語》更深入。《本朝食鑑》（人見必大著、元祿八年・一六九五）是參考中國古籍《本草綱目》，解說日本國內日常食品的著作。《和漢精進新料理抄》（浪華住吉岡著、元祿十年・一六九七）以介紹中國與日本的素食料理為主；《古今名物御前菓子祕傳抄》（享保三年・一七一八）則是日本最早介紹甜點的書籍。《南蠻料理書》雖是抄本，據推測應該也是元祿時代前後出版的料理書，裡面有幾道料理的名稱現今依然存在，例如有平糖、金平糖、天婦羅等。

茶道原本是上流階級的嗜好，但《茶之湯獻立指南》（遠藤元閑、元祿九年・一六九六）將茶聖利休提倡的侘茶精神——屋以不漏雨，食以不餓肚為足，此為佛之教誨，茶道之本意——放在一邊，寫道：「過去太不注重禮節，煮好黑米飯後，再慌慌張張地煮湯、烤鹽漬沙丁魚，全部放在山折敷（膳盤）上端給客人，當時的茶道就是以此為趣。如今為長治久安之盛世，（中略）人們的口味已無法接受往日料理的味道了……」元祿盛世由此可見一斑。

到了寬文時期（一六六一～一六七二），京都祇園的八坂神社開了兩間專賣豆腐田樂的茶屋。分別是出現在《豆腐百珍》扉頁插畫中的「緣屋」，以及目前仍在營業的「中村樓」。大坂（現在的大阪）則有以大小各異的貝殼杯飲酒為賣點，深受饕客歡迎的「浮瀨」。江戶掀起這股風潮的時間較晚，直到明曆大火事件（一六五七）過後，淺草才開始出現供應奈良茶飯套餐（茶飯、豆腐湯、滷菜）的茶屋。

享保時代（一七一六～一七三五）的江戶是凌駕巴黎與倫敦的百萬人口都市，其中有半數人口，也就是五十萬人為町方[11]，再加上從鄉下地方不斷湧入的流動人口，使得外食產業日益發達，攤販和挑著扁擔四處叫賣的小販自然也愈來愈多。

江戶時代的豆腐料理

日本首次出現豆腐記載的古籍文獻，是壽永二年

凡例

一 凡そ豆腐の調味百製ハ六等に別ち記す 尋常品 通品 佳品 奇品 妙品 絶品なり

一 尋常品ハ大かたに平日ありてひろく調味る所のものを記し其間に粗庖人家の訣あるを盡くしるす

一 通品ハ烹調さして訣なし世の人皆よくしる所なれバ調製ばかりを記すれば其名而已と出せるのみ

一 佳品ハ風味尋常品に類もぐれ又ハ形容てぎれいなる等をこの類とする

一 奇品ハさらにあやかりて人の意のつかぬ所を烹調

《豆腐百珍》插圖與範例

（一一八三）奈良．春日神社的供品日誌，當時的豆腐叫做「唐符」。豆腐誕生於九到十世紀左右的中國，而從「唐符」這兩個字，不難猜測豆腐傳入日本的緣由，應該是登上遣唐使船前往中國的日本留學僧與留學生，從中國帶回豆腐的製造方法與相關製品（由於生豆腐不耐放，容易腐爛，因此帶回的都是豆腐乾與腐皮等製品）。此外，豆腐的傳入途徑不是只有從中國，豐臣秀吉出兵朝鮮（文祿～慶長年間、十六世紀末）時，土佐國（現今高知縣）的長宗我部元親帶回日本的朝鮮俘虜中，就有擅長製作豆腐的專業師傅，豆腐的製造技術也由此引進日本。

在豆腐相關記載出現的六百年後，天明二年（一七八二）《豆腐百珍》才出版，但在這本書問世之前，日本早就發展出各式豆腐料理。

豆腐料理的名稱首次出現於《大草家料理書》。大草家是室町時代庖丁流派之一，一般認為這本書當然出版於同時代，但由於書中介紹了「烏龍豆腐麵」、「燴汁

《豆腐百珍》裡介紹的田樂爐新製品。

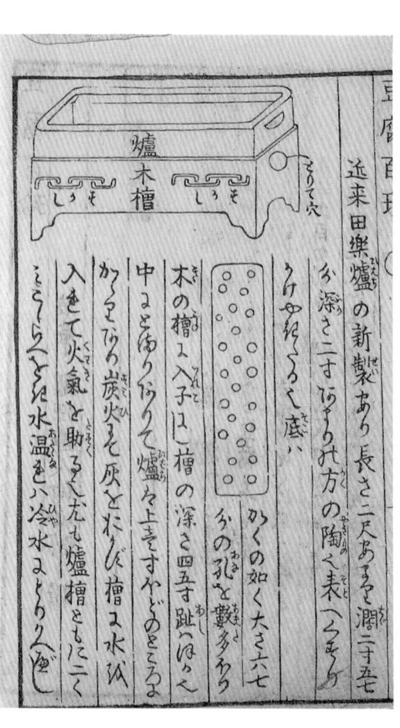

豆腐」以及「燉烤豆腐」等三道料理，因此我認為它應該屬於江戶初期的出版品。

接下來，一起來看看《料理物語》這本書。在青物（蔬菜）這個章節中，記載著「豆腐湯　田樂豆腐　烏龍豆腐麵　豆腐泡泡　凍豆腐　伊勢豆腐　六條豆腐　茶屋豆腐　雉燒豆腐」，以及「腐皮　湯豆腐　茶點豆腐　燉豆腐　種種」；在煮物（燉煮料理）這個章節中，記載著「料理豆腐　豆腐玉子」等文字。此外，雖然沒出現在料理名稱上，但在蕎麥麵這個章節中，也使用豆腐來增加蕎麥麵的黏性。

《料理獻立集》（寛文十年・一六七〇左右）是日本第一本食譜，其中的湯品與醋泡料理兩大類，是按照月份介紹一整年的作法。而且湯品菜色中，每個月都有兩、三道使用豆腐的料理，最常用的食材是烤豆腐。此外，「涼拌菜」與「清拌菜」等涼拌料理，使用的是油豆腐皮。至於「六條豆腐」和「燉煮料理」中，則是將豆腐與白芝麻研磨成泥，或使用豆渣入菜。

元祿時代初期的《合類日用料理抄》（元祿二年・一六八九），裡面所記載的「碎豆腐」作法，是用手將豆腐捏碎並瀝乾一半的水分，由此可見，當時的豆腐飽含水分，質地柔軟。此外，油豆腐皮也要先過兩、三次熱水去油，可知油豆腐皮也是因為太油而不受青睞。

《料理網目調味抄》（享保十五年・一七三〇）的作者嘯夕軒宋堅擅長茶道，對於料理方式有相當精準的說明。例如：江戶地區不喜歡白味噌，以赤味噌為主；大坂則有許多魚類料理；京都離海較遠，常吃鹽漬魚乾。由此可知他不但是料理高手，也對這三個城市的飲食習慣瞭如指掌。此外，書中還針對「織部豆腐」[12]、「湯豆腐」、「飛龍頭」（參見第三十頁）、「黃檗豆腐」、「凝豆腐」（凍豆腐，也就是高野豆腐）等料理的作法，有詳盡的解說。

此外，雖然同樣是「黃檗豆腐」，《料理網目調味抄》中的作法是先瀝乾豆腐水分後，再抹上醬油烤；五十年後的《豆腐百珍》中，則介紹了兩種作法：一種是先炸過後再用醬油調味燉煮，另一種則是先炒碎豆腐，再用醬油調味。如今在京都宇治市的黃檗山萬福寺門前販售的黃檗豆腐，是由隱元禪師親自傳授的豆腐羹。豆腐完全不烤也不炸，直接浸過醬油後燉煮，這是三百多年前沿用至今的作法。儘管是同一道菜，卻有不一樣的調理方式。由此可見，就算是名稱相同的料理，在經過時間的演變之後，也會產生截然不同的內容。

《料理山海鄉》（博望子著、寬延二年・一七四九）

與《料理珍味集》（寶曆十四年・一七六四）是同一位作者的姊妹書，書中出現許多冠上鄉村地名的料理，例如「秩父田樂」、「伊勢豆腐」等。由此可以推測，當時城市與鄉村之間往來相當頻繁。此外，書中也有很多以呈現某個景象或物體為賣點的料理，諸如「雲掛豆腐」、「春之雪」、「精進皮鯨」等。可見當時的料理已經趨向不只是做來品嘗，還要帶有趣味性，讓人享受料理的樂趣。而且此書對於豆腐料理的記載也十分詳盡，據說《豆腐百珍》在編纂時就曾大幅參考它。

不僅如此，有些料理雖然冠上豆腐之名，卻不使用豆腐，可說是一種仿豆腐的料理。例如將豆粉與烏龍麵粉拌在一起，做成像烏龍麵一樣的「紛豆腐」；將米做的粉倒入豆粉中仔細拌勻，揉成麵糰，抹上味噌烤過後，再放進湯裡的「寺田粉豆腐」；以豆腐汁（應該是豆漿）做成的醃漬品「近江蕪丸漬」也是很少見的珍品。會出現仿豆腐料理，就代表在那個年代豆腐已經深入民間，成為民眾日常生活的一部分。這個現象也預告了《豆腐百珍》的問世是時代所趨的結果。

暢談《豆腐百珍》

《豆腐百珍》出版於天明二年五月。從書名即可得知，這本書的內容就是介紹一百道以豆腐為食材的料理及其作法。本書作者是醒狂道人何必醇，出版商為大坂高麗橋壹町目的春星堂藤屋（北尾）善七。由於上市後大獲好評，隔年出版了《豆腐百珍續篇》，接著又推出《豆腐百珍餘錄》。從此之後，百珍書籍一時蔚為風潮，《鯛百珍料理祕密箱》、《大根（白蘿蔔）一式料理祕密箱》、《甘薯百珍》等書紛紛問世。豆腐是家家戶戶隨手可得且口味清淡的食材，卻能做出一百道料理，這種創意精神也是當時造成流行的原因。學界對於作者何必醇的真實身分眾說紛紜，其中最有力的說法是，何必醇應為篆刻家曾谷學川。無論真相為何，可以確定的是，作者並非拿菜刀的料理人，而是基於個人興趣來撰寫料理書籍的文人。

《豆腐百珍》將百道豆腐料理分成六個等級，並在範例中記下其分類與品評理由。這次我依照書中順序試做所有料理，仔細對照原書解說與感想，單就這百道料理的烹調方式分析，可以得出下列結果：

燉煮（包括蒸、水煮）	五十五道
烤	二十道
炸（包括炒）	十六道
生吃	兩道
未說明調理方法	七道

不過，每道料理的烹調方式各異，有些是先烤再煮，也有先蒸再炸，右邊表列是以最後一道調理程序為主。

使用的調味料也統整如下：

味噌	十八道
醬油	四十四道
醋	三道
鹽	三道
依個人喜好	七道
未說明調味料	二十五道

當時正值關東地區致力發展醬油的時期，因此主要調味料從味噌轉移到醬油，也是理所當然的結果。

這次我會實際試做這百道料理，不過在此先聲明，由於原書的某些調理過程沒有詳細描述，為了完善食譜，因此由本人補充或更動。此外，書中使用的豆腐種類有些是對照原書特別選用現代的木棉豆腐或絹漉豆腐[13]，但由於各地方製作的豆腐硬度不盡相同，歡迎各位多加嘗試。

1. 指正統的日本料理，起源於十五世紀的室町時代，是日本禮法、禮儀制度形成過程中的產物。一般分三菜一湯、五菜二湯、七菜三湯。用膳時也有一定的規矩。
2. 素菜料理。
3. 意指在江戶鎖國時代，只開放出島貿易時所傳入的葡萄牙、中國飲食文化與大和文化融合而成的長崎特色料理。「桌袱」指的是餐桌和桌布。
4. 日本從十六世紀與葡萄牙、西班牙等歐洲國家展開貿易，當時日本人稱歐洲人為南蠻人，由他們傳入的料理就稱為南蠻料理。
5. 公家是指為天皇與朝廷工作的貴族、官員之泛稱。
6. 武家是指以軍務為主且具有官職的貴族階級總稱。江戶時代是指具有武家官位的家族。現代則泛指武士。
7. 室町時代根據武家社會禮法制定的頂級宴客料理。
8. 「庖丁儀式」是日本平安時代的一種莊嚴儀式，也是謝天敬神恩賜珍饈及款待賓客表達歡迎之意的重要儀典。料理者必須身著古典裝扮，頭戴烏帽子，並且全程只能使用庖丁刀及長筷，手部決不可碰觸到食材，以表示對食材及儀式的敬重。
9. 將食材切成適口大小，串成一串，塗上味噌燒烤的料理方式。
10. 意指將牡蠣等貝類帶殼烤的料理，或是以大型貝殼為鍋具，放入海鮮或蔬菜燉煮的日本鄉土料理。
11. 隸屬於江戶時代町政務長官的下級衙役。
12. 將去掉水分的豆腐切成圓筒形，取出放入鍋內以少量油去煎，然後切成四等份，加入高湯及調味料熬煮的豆腐料理。
13. 豆腐的製作步驟分為：將大豆水煮、取汁、加入凝固劑、去水分，而在去水分這一段中直接過濾的叫做「絹漉豆腐」，在還是豆乳狀態放入模具去水分的叫「木棉豆腐」。

尋常品

原書在範例中解釋，「尋常品係指一般家庭常做的家常菜，但其中也包括了料理人不外傳的料理，若為祕傳料理會特別註明。」並舉出「木芽田樂」等二十六道菜色。

我認為從「木芽田樂」與「雉子燒田樂」揭開序幕，是很合理的安排。田樂是豆腐料理中，歷史最悠久的烹調方法之一，也是最具代表性的菜式，日本各地都有以「味噌田樂」為調理方法的招牌菜。不過，田樂料理其實難度很高，必須勤於練習才能掌握箇中訣竅。《豆腐百珍》會特地從豆腐的處理方式開始說明：「在大盤子裡倒滿溫水，並將豆腐泡在溫水裡，無論是切豆腐或串竹籤，都要在溫水裡完成。如此一來，就無須擔心柔軟的豆腐不小心掉在地上。」就是要特別提醒讀者，先了解食材的特性，才能做好一道菜（不過實際做過之後，我發現這個方法很難，現代豆腐只要先用重物壓出水分，再串上竹籤即可）。此外，書中還介紹了用來做田樂料理的新式田樂爐，而且附上圖解，可見豆腐田樂是當時十分盛行的料理。

原書在介紹「高津湯豆腐」時，寫道：「像這樣在豆腐淋上葛燴汁的吃法，在京都與江戶都很常見。」從這段文字即可發現，這道料理亦為當時家家戶戶都會吃的家常菜。

「草之八杯豆腐」也是一般家常菜中最常見的料理，江戶時代後期頻頻出版的料理排行榜書籍中，這道菜經常位居第一。

然而，尋常品中也有一般家庭不太容易做的家常菜，例如難度極高的「結豆腐」、作法繁複的「卷纖豆腐」、「凍豆腐」與「金砂豆腐」等。另一方面，「松重豆腐」、「梨豆腐」與「墨染豆腐」其實並不難，不過名稱相當高雅，聽起來就像是餐廳會供應的料理。此外，將「雞蛋豆腐」列入尋常品，也讓我百思不得其解。

我猜測當時豆腐已經成為全國普及的食材，無論鄉下或城市都有各式各樣的豆腐料理，基於想要吸引更多人注意，並抓住一般人亟欲探究料理人祕訣的心理，才會將這些不太好做的菜色編排進尋常品中。

在實際試做過之後，最讓我印象深刻的料理就是「飛龍頭」。飛龍頭就是關東的雁擬（油炸豆腐餅），現在的作法都是將佐料（餡料）與豆腐攪拌在一起後，捏成餅狀再下鍋油炸，但當時是像包子一樣，將餡料包在豆腐裡炸。而入口之後，蔬菜鮮味與炸豆腐皮在口中逐漸融合，我覺得這樣的吃法格外美味。後世料理人或許是為了簡化調理步驟，才逐漸發展出現在的料理方法。

與更高一級的「通品」相較，「尋常品」的料理水準明顯比「通品」高。雖然不清楚當時是否有人會站在書店看完全書，但一般人想必還是會從目錄來判斷是否要買書。而綜觀這二十六道菜式，不難發現許多超越「尋常品」水準的華麗料理，想必可以深深吸引讀者進入好吃好看的料理世界。

一 木芽田樂

【材料】

木棉豆腐、醬油
田樂味噌（白味噌・味醂）、山椒粉
葉綠醬

【作法】

① 先將豆腐處理成田樂用的狀態（請參照第三十八頁）。
② 在白味噌中倒入味醂稀釋混合，放在火爐上加熱收乾，依個人喜好添加山椒粉。
③ 用竹籤串起豆腐（請參照第四十九頁），雙面都稍微烤過，刷上醬油調味。
④ 在單面塗上田樂味噌，烤至微焦即可。

如果想學一般餐廳為豆腐穿上「鮮綠色」新衣，可在味噌中加入葉綠醬。

葉綠醬作法：將菠菜或小松菜切碎，放入研磨缽磨成泥，加入大量的水，過濾後，留下綠色的水備用。將綠色的水倒入鍋中慢慢煮滾，撈起浮在水面上的葉綠素。這就是葉綠醬。仔細撈起葉綠素，再用紗布或棉布包起，擰乾水分。

試吃心得

味道偏甜的味噌很適合搭配豆腐，山椒粉的辣味也能適時提味。烤豆腐的焦香別樹一格。令人一吃上癮，停不下來。

二

雉子燒田樂

【材料】

木棉豆腐

醬油

沾醬（同等份量的醬油與酒，再依個人喜好添加味醂、柚子泥）

【作法】

① 先將豆腐處理成田樂用的狀態，串上竹籤，雙面稍微烤過，刷上醬油調味。

② 混合醬油與酒，煮滾後倒入豬口杯中，完成沾醬。另外附上一小碟柚子泥。

試吃心得

做法很簡單，卻能吃出豆腐美味，是一道很棒的下酒菜。

三

荒金豆腐

【材料】

木棉豆腐

酒、醬油

山椒粉

【作法】

① 徹底瀝乾豆腐，再用棉布或廚房紙巾擦乾豆腐表面的水分。

② 熱鍋後，用手捏碎 ① 的豆腐放入鍋中。開大火乾炒豆腐。

③ 以五、六根筷子一邊攪拌豆腐，一邊炒乾豆腐水分。豆腐黏鍋或大小參差不齊都沒關係，重點在於迅速拌炒。

④ 水分收乾後，倒入酒與醬油，充分攪拌，關火，灑上山椒粉。

試吃心得

這是一道烹煮時間短，卻很夠味的料理。

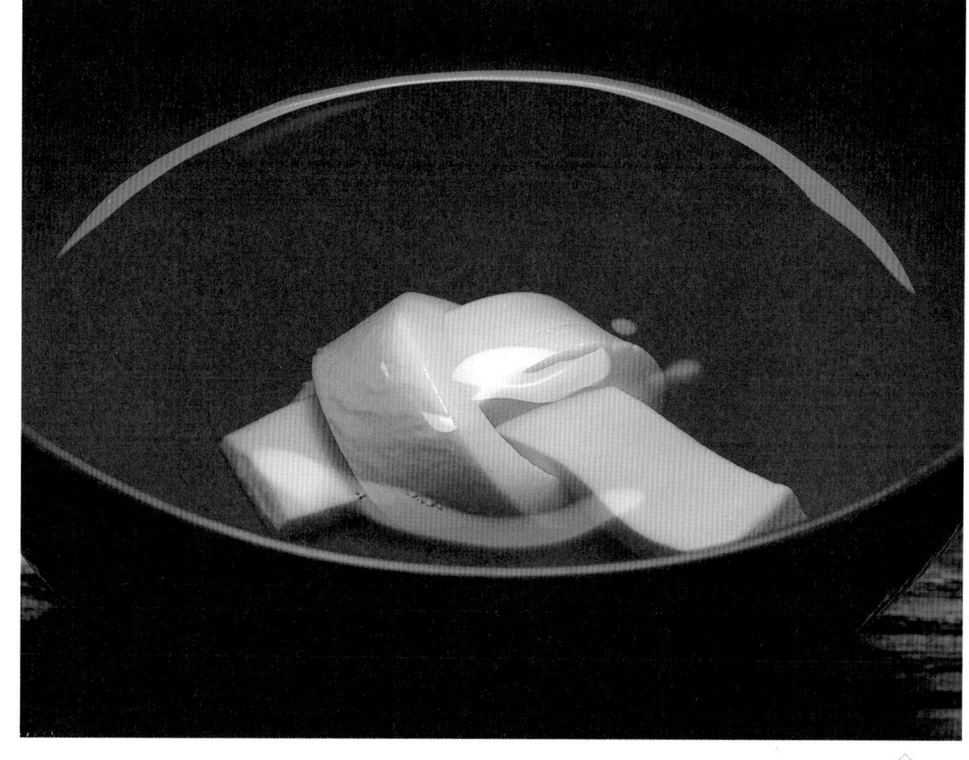

四

結豆腐

【材料】

絹漉豆腐

清湯

【作法】

（請參照第七十頁）

① 將長方形豆腐先片成薄片，再切成長條狀。

② 將切好的豆腐泡在溫水裡一段時間，方便待會打結。

③ 在溫水裡小心地、慢慢地把豆腐打成結。

④ 範例照片是將豆腐放進小碗裡，再倒入清湯。請依個人喜好調味。

試吃心得

豆腐打結的驚喜感，為這道簡單的清湯豆腐增添華麗的視覺效果。

五

半片豆腐

【材料】

木棉豆腐

山藥

一撮鹽

美濃紙（手抄和紙）

清湯、葛粉

【作法】

① 徹底瀝乾豆腐水分後備用。

② 山藥磨成泥。

③ 取相同份量的豆腐和山藥，但如果山藥的黏性較強，請減少山藥用量。在豆腐和山藥中加入一撮鹽攪拌均勻，舀起接近兩大匙左右的量，放入和紙中緊緊包覆。

④ 在鍋中倒水，開火煮至沸騰後，放入③，轉小火，浮起後即可起鍋。撈起放涼後，拿掉和紙。

⑤ 煮熟的半片豆腐可用來做燉煮料理，或當湯料使用。照片中的湯是加入葛粉水勾芡過的清湯。

試吃心得

半片豆腐的口感與用魚漿做的半片不同，吃起來相當清淡爽口，充滿獨特滋味。

六

高津湯豆腐

【材料】

絹漉豆腐
昆布高湯
醬油、味醂
葛粉
黃芥末

【作法】

① 切下四分之一塊豆腐，以湯豆腐的方式煮熟。

② 在昆布高湯裡加入醬油與味醂調味，倒入葛粉水勾芡，製作燴汁。

③ 以網勺小心翼翼地將豆腐從熱水中撈出，直接將網勺放在乾布上瀝乾水分，再將豆腐放入較深的湯碗裡。需要注意的是，此時如果沒有瀝乾水分，會使燴汁的濃度變稀。

④ 將燴汁慢慢淋在豆腐上，最後再將黃芥末放在豆腐中央即完成。

試吃心得

濃稠的燴汁帶有醬油與味醂的味道，與清淡的豆腐相得益彰，不僅不刺激舌頭，也能溫暖胃部。此外，無論是炎熱的夏季或寒冷的冬季，這道高津湯豆腐都能發揮原有美味，是適合一年四季享用的美食。

七

草之八杯豆腐

【材料】

木棉豆腐

八杯汁（水或昆布高湯六、醬油一、酒一，加起來就是八杯，因此稱為八杯汁）

葛粉、白蘿蔔泥

【作法】

① 將豆腐切成像烏龍麵般的粗長條狀，放入熱水中加溫，然後以較大的網勺撈起，瀝乾水分後放入碗裡。

② 將八杯汁的材料倒入鍋中煮沸，再淋上葛粉水勾芡，攪拌出些許濃稠度後，倒入碗裡。輕輕瀝乾白蘿蔔泥的水分，大量地放在豆腐上。

試吃心得

吃起來當然不像烏龍麵那樣滑溜，但可以嘗到昆布高湯與白蘿蔔泥的鮮味，而且這道料理的創意十分有趣，令人一吃上癮。

八

草之卷纖豆腐

【材料】

木棉豆腐

餡料（牛蒡、木耳、生麩、栗子、芹菜或青菜、銀杏）

乾腐皮、乾瓢（乾葫蘆條）

油、酒、醬油

【作法】

① 將一塊豆腐切成十二片，不裹粉，放入油鍋迅速炸過後，將每片豆腐對半切開，再切成細絲。也可使用市售的嫩心油豆腐 14 ）取代。

② 將泡水還原的木耳、牛蒡、生麩、剝殼栗子切絲，芹菜切碎，銀杏切成兩半。

③ 在鍋中倒入多一點油，加熱後，先放入銀杏、栗子、牛蒡拌炒，再放入木耳、生麩與豆腐，將所有食材炒軟。最後放入芹菜，淋上醬油調味。起鍋放涼。

④ 攤開泡水還原的腐皮，均勻放上一．五公分厚③的餡料，確實捲起後，用乾瓢綁緊。

⑤ 將④放入鍋中，倒入放入酒與醬油，慢慢燉煮。

試吃心得

這道菜是將中國菜的「卷纖」作法融入日本料理中，雖然製作很費工，但味道很有層次，十分美味。

14. 表皮炸熟、內部保留生豆腐口感的油豆腐。

九

霰豆腐

【材料】

木棉豆腐

炸油

【作法】

① 豆腐瀝乾水分後，切成一到二公分的塊狀。

② 將十個豆腐塊放入竹簍，浸在水裡，輕輕搖動竹簍，將豆腐滾成丸子狀（請參照第三十八頁）。一次滾太多容易失敗，請務必要注意。

③ 將豆腐丸放在乾布或廚房紙巾上，吸乾水分。

④ 將豆腐丸放入一七〇度的熱鍋中，一邊攪拌一邊炸至整顆金黃色。炸好後撈起，放在廚房紙巾上，吸乾油分。

試吃心得

原書表示可依個人喜好調味，因此我只灑鹽。鹽的鹹味襯托出豆腐的香氣與甜味，很適合配啤酒，或是當下酒菜。豆腐丸也適合放入清湯或一般湯品之中。

十

雷豆腐

【材料】

木棉豆腐

芝麻油

醬油

蔥花、白蘿蔔泥、山葵絲

【作法】

① 徹底瀝乾豆腐水分。

② 在鍋中倒入大量芝麻油，用手捏碎豆腐並放入鍋中，迅速拌炒。淋上醬油調味，關火前灑上蔥花。最後放上白蘿蔔泥與山葵絲。

試吃心得

炒豆腐搭配白蘿蔔泥與山葵絲的味道，令人不禁拍案叫絕！這道料理不僅很下飯，還很下酒，真是太棒了！

十二 再烤田樂

【材料】

木棉豆腐

醬油

田舍味噌（信州味噌等）

酒

【作法】

① 先將豆腐處理成田樂用的狀態，串上竹籤，雙面稍微烤過，刷上醬油調味。

② 混合田舍味噌與酒，開小火煮出醬汁的光澤。

③ 在豆腐單面塗上味噌，烤至微焦為止。

試吃心得

簡單又實在的味道，可說是田樂豆腐的原型。

十二 凍豆腐或高野豆腐

【材料】

木棉豆腐

【作法】

在冬季不下雨的晚上，將豆腐放在冰點下的戶外使其結凍，白天取回放在室內，晚上再拿出去結凍，重複此步驟，直到完全脫水乾燥為止。值得注意的是，高野豆腐使用的豆腐，豆漿濃度須比一般木棉豆腐高。

速成凍豆腐

【材料】

木棉豆腐

【作法】

根據原書內容，將豆腐切成適當大小，淋上熱水後放在室外，在低溫中放置一晚使其結凍，隔日立刻做成料理。一般家庭亦可利用冷凍庫，做出類似口感。

試吃心得

口感、咬勁與現代凍豆腐截然不同，十分有趣。剩下的豆腐可以冷凍保存，做成各種料理。

試吃心得

豆腐的口感就像鱈魚精巢一樣順口滑嫩，胡椒粒更是扮演畫龍點睛的角色，讓味道更出色。

十四 摺流豆腐（豆腐泥湯）

【材料】

絹濾豆腐、葛粉、味噌湯、胡椒粒

【作法】

① 用篩子壓碎絹濾豆腐後磨成泥，再拌入一到兩成份量的葛粉。

② 在味噌湯沸騰前倒入①。因為味噌湯溫度太低，豆腐泥不易結塊；相反的，溫度過高則會讓豆腐泥散掉。最後灑上胡椒粒提味。

試吃心得

雖然煮到徹底入味花了我很多時間，但濃郁的餘韻令人回味無窮。這道料理很下飯，也很下酒。

十五 壓豆腐

【材料】

木棉豆腐、醬油、酒

【作法】

① 用棉布包覆豆腐，在上方放置重物，徹底出水。

② 在鍋中倒入相同份量的醬油與酒燉煮豆腐，可依個人喜好調整燉煮時間，想吃到豆腐原味，只要煮到豆腐邊緣變色即可。若是煮到徹底入味，可以保存好幾天。

十六

金砂豆腐

【材料】

木棉豆腐

蛋白

鹽少許

水煮蛋的蛋黃

砂糖

魚糕板

【作法】

① 先以重物壓出豆腐水分，再將豆腐放入研磨缽中仔細磨成泥，再加入蛋白與鹽，充分研磨。

② 將 ① 均勻鋪在魚糕板上，鋪出一公分厚的豆腐塊。

③ 將蛋黃放在篩網上壓成泥，加入砂糖拌勻。將蛋黃鋪在 ② 上，輕輕壓實，避免散開。

④ 蒸籠預熱至水開後，放入 ③，蒸十五到二十分鐘。取出放涼後，切成四方形。

試吃心得

造型優美，口味清爽，是最適合當茶點的料理。

十七

醬汁烏龍豆腐麵

【材料】

絹濾豆腐

醬油

佐料（白蘿蔔泥、柴魚片、蔥花、辣椒）

【作法】

① 將豆腐切成寬麵狀，泡水維持軟度。以網勺撈起，放入碗裡。原書沒有詳細說明，不過要在碗裡倒入熱水，等豆腐變溫熱後，再將熱水倒掉。

② 醬油加熱後淋在烏龍豆腐麵上，接著再放上佐料，增添料理賣相。

試吃心得

烏龍豆腐麵的長度約十七公分，但要像吃烏龍麵一樣將豆腐一口氣吸進嘴裡，確實不太容易。儘管如此，這道料理的口味相當清淡，佐料也襯托出豆腐原味，讓人不知不覺就吃到碗底朝天。

十八 敷味噌豆腐

【材料】

朧豆腐（參見第四十三頁）

山葵味噌（白味噌、酒、磨碎的白芝麻、磨碎的胡桃、山葵泥）

柴魚片

【作法】

① 製作山葵味噌：除了山葵之外，將其他材料充分拌勻，放在鍋中以中火煮出光澤，最後再加入山葵泥。

② 在預熱過的碗裡鋪上①的山葵味噌，並於四周灑上柴魚片。

③ 朧豆腐先用水煮過，煮到最好吃的狀態後，以網勺撈起，放在山葵味噌上。

試吃心得

入口即化的朧豆腐帶著黃豆清香，山葵味噌則飄散出山葵香氣。朧豆腐沾著山葵味噌一起入口，不只可品嘗豆腐原味，更能享受極簡飲食的精髓。

十九

飛龍頭

【材料】

木棉豆腐

葛粉、鹽少許、麵粉

餡料（牛蒡、香菇、紅蘿蔔、木耳、火麻仁、水煮銀杏）

醬油、酒、炸油

【作法】

① 豆腐瀝乾水分，放入研磨鉢中磨成泥，然後加入少許鹽和葛粉一起充分磨勻。

② 牛蒡切細絲，香菇、紅蘿蔔與木耳切絲，銀杏對半切開。全部放入油鍋中拌炒，淋上少量醬油和酒調味，關火後灑上火麻仁。

③ 以 ① 的豆腐包住 ② 的餡料，捏成適當大小的豆腐丸子。比起將餡料與豆腐混合的料理方式，做成包餡的豆腐丸子更加美味。

④ 豆腐丸子表面滾上麵粉，放入一七〇到一八〇度的油鍋中，炸到金黃酥脆。油炸時要一邊攪動豆腐丸，才能炸出均勻色調。

試吃心得

嗯，包餡的豆腐丸子確實比全部攪拌在一起的作法，更能吃到豐富口感。炸得酥脆的豆腐皮，吃起來好像炸餃子。剛炸好的丸子，美味無可挑剔。

二十 濃醬

【材料】

木棉豆腐

混合白味噌與其他味噌，調出口味較重的味噌湯

柴魚片、山椒粉（原書使用的是研磨山椒粉）

【作法】

① 以重物壓出豆腐水分，使豆腐質地變硬。將豆腐切成四等分，放入煮著味噌湯的鍋子裡，蓋上紙蓋，慢慢燉煮十到十五分鐘。可依個人喜好使用味噌，加入白味噌能讓味道更加溫潤。

② 將豆腐撈進碗中，倒入味噌濃湯。放上大量柴魚片，上桌前灑上山椒粉。

試吃心得

豆腐是最適合當味噌湯料的前五名食材，而且以較濃的味噌燉煮過後，還呈現出截然不同的風味。雖然這道濃湯很簡單，但只要選用漂亮的湯碗，就能變身成一道豪華的宴客料理。

廿一

豆腐泡泡

【材料】

木棉豆腐或絹濾豆腐

蛋一顆

清湯

胡椒粒

【作法】

① 豆腐放入研磨缽中磨成泥，再放入打到起泡的蛋，兩者充分拌勻。

② 將清湯倒入較小的鍋中煮沸，慢慢倒入①的豆腐，蓋上鍋蓋，就能燜出蓬鬆柔軟的豆腐泡泡。之後灑上胡椒粒食用。

試吃心得

這道料理的口味十分清淡，不僅是味覺上的享受，也不刺激胃部。豆腐與蛋的組合渾然天成，放進嘴裡入口即化。清湯的鮮味是這道料理的成功關鍵。清湯的味道要調得稍微重一點，就能讓豆腐泡泡吃起來清爽有味。亦可淋在飯上，做成「豆腐泡泡蓋飯」。

廿二

松重豆腐

【材料】

木棉豆腐

蛋白

水前寺海苔15

麵粉

【作法】

① 以重物壓出豆腐水分，放入研磨缽中磨成泥，加入蛋白拌勻。

② 先用茶網篩過麵粉，再將麵粉輕輕灑在水前寺海苔上，接著再均勻鋪上比海苔厚好幾倍①的豆腐。

③ 放入蒸籠蒸十到十五分鐘。依個人喜好調味，當點心吃時，可沾山葵醬油或黃芥末醬油。也可當湯料使用。

試吃心得

水前寺海苔的彈嫩口感，以及豆腐的清淡彈性，兩種截然不同的口感融為一體，相當有趣。

15. 原生於九州部分地區的可食用淡水藍藻，因發現於熊本市水前寺成趣園的池塘中，才取名為「水前寺海苔」。由於口感佳且相當少見，因此日本江戶時期成為細川藩獻給江戶將軍家的貢品，現在則是高級日本料理使用的食材。

廿三

梨豆腐

【材料】
木棉豆腐
菜乾
清湯
柚子

【作法】
① 將小松菜或白蘿蔔葉等青菜用熱水煮熟，掛在竹竿或繩子上，放在戶外曬乾，製作成菜乾。
② 以重物壓出豆腐水分，放入研磨缽中磨成泥。
③ 將菜乾揑成粉末，拌入 ② 的豆腐之中。
④ 用保鮮膜包覆適量豆腐，做出如日式茶點「茶巾絞」（類似小籠包）的模樣，放入水中煮熟。煮熟後拿掉保鮮膜，放入碗裡，倒入清湯，再放上松葉柚子增添香氣。由於豆腐與揑碎的菜葉混合之後，看起來像就梨子表皮一樣，因此取名為梨豆腐。

試吃心得

這道「梨豆腐」散發出菜乾的陽光香氣，有種令人懷念的味道。

廿四

墨染豆腐

【材料】

木棉豆腐

昆布

清湯

青柚子

【作法】

① 將昆布烤得酥脆，捏成粉末。

② 豆腐徹底去除水分，放入研磨缽中磨成泥，拌入①的昆布粉。

③ 用保鮮膜包覆適量豆腐，做出如日式茶點「茶巾絞」（類似小籠包）的模樣，放入水中煮熟。煮熟後拿掉保鮮膜，放入碗裡，倒入清湯，再放上青柚子增添香氣。昆布的顏色讓豆腐看起來就像是僧衣的墨染模樣，因此取名為墨染豆腐。

試吃心得

豆腐的黃豆味道，加上昆布風味，融合出高雅的口味。無論是「梨豆腐」或「墨染豆腐」，都能看出江戶人對吃食的講究，儼然成了一門藝術。

廿五

寄豆腐

【材料】

朧豆腐（參見第四十三頁）

美濃紙

葛粉

清湯

【作法】

① 以美濃紙包起豆腐，在上方打結後，放入鍋中燉煮。

② 在碗裡倒入用葛粉水勾芡過的清湯。不拆開美濃紙，直接將 ① 的豆腐放進湯裡。

試吃心得

拆開美濃紙時，會聞到一股淡淡的豆腐香氣。葛粉勾芡過的湯與豆腐相得益彰，口味十分高雅。

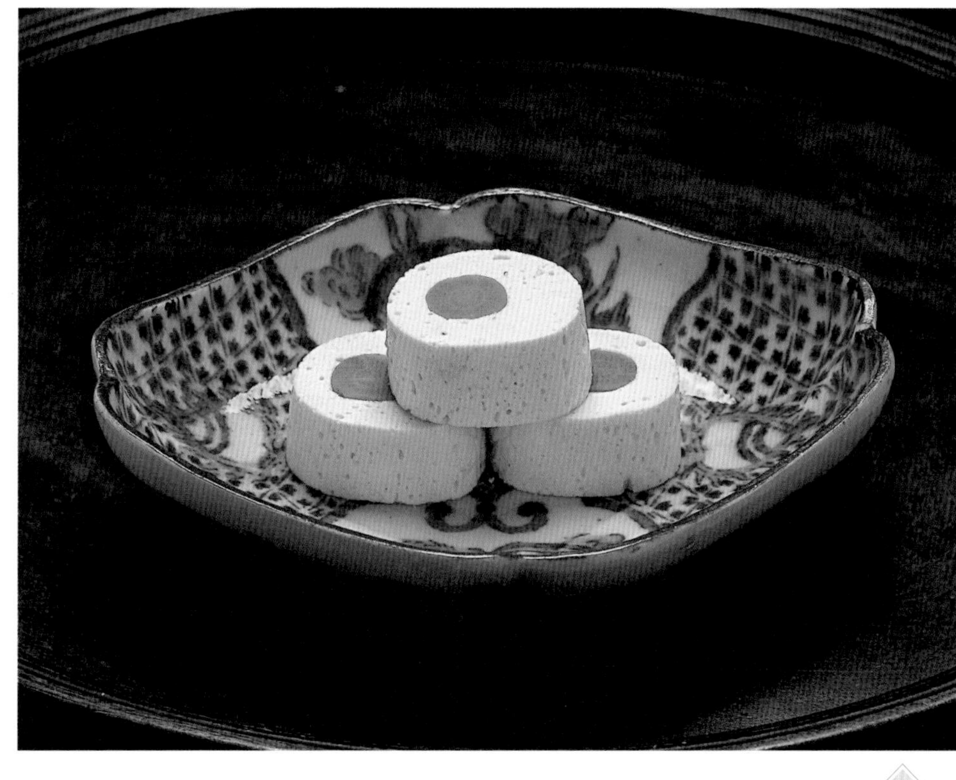

廿六

雞蛋豆腐

【材料】

木棉豆腐

葛粉

紅蘿蔔

【作法】

① 豆腐去除水分，灑上篩過的葛粉，放入研磨缽中磨成泥。

② 將顏色鮮豔的一整根迷你紅蘿蔔放入水中煮軟，再調味成又甜又辣的味道。如使用一般紅蘿蔔，請先削成圓棒狀。

③ 將①的豆腐均勻鋪在保鮮膜上，在正中央灑上葛粉，再放上②的紅蘿蔔後捲起。調整成圓筒狀後，放入蒸籠蒸熟。

④ 蒸熟後放涼即可切開，切開的感覺就像在切水煮蛋一樣，十分有趣。可用蕃薯取代紅蘿蔔。

試吃心得

這道料理並不特別美味，卻是一道令人眼睛一亮的前菜。

滾成圓球

① 將豆腐切成較大的塊狀。

② 放入竹簍或不鏽鋼篩網裡，下方放一個裝滿水的大型調理碗，讓水淹過一半的豆腐。輕輕搖動竹簍，豆腐就會逐漸變圓。

去除水分

◈使用重物壓

左：正常豆腐。

中間：田樂用——去除水分，厚度為正常的三分之二。

右：製作飛龍頭等料理，磨碎用——徹底去除水分，厚度為正常的三分之一。

在砧板上鋪一塊布，放上豆腐，再放上重物。值得注意的是，一開始就放上一個大型重物容易壓碎豆腐，應換成幾個小重物，慢慢增加重量。

◈使用炭灰吸水

① 豆腐切塊以和紙包起，再用繩子束緊袋口。

② 在砧板或鐵板灑上一層炭灰，鋪平後放上乾布，再鋪上和紙。最後放上豆腐。由於炭灰的吸水力超強，可在不破壞豆腐形狀之下，去除水分。

通品

《豆腐百珍》寫道：「歸類於通品的料理其實並不難做，而且都是一般常見的料理，因此沒有特別說明烹調方法，只標示料理名稱。」從「烤豆腐」到「赤味噌之敷味噌豆腐」，總共十道。雖說從字義上來看，「尋常」與「通」的意義互通，不過通品的菜式十分平凡，讓我以為「尋常品」與「通品」的排列順序是不是顛倒了。雖然書中特別註明「只標示料理名稱」，但只寫名稱卻不說明作法的食譜，還是讓我瞠目結舌。

「烤豆腐」使用的是木棉豆腐，先去除豆腐水分再烤。「炸豆腐」的作法有很多，包括不經過事前處理直接下鍋炸，裹上薄粉炸，或是先切成塊狀再炸等方式，而且豆腐大小各地不同，但我猜測應該跟現在的嫩心油豆腐差不多。「朧豆腐」是指木棉豆腐尚未完全凝固的狀態。「絹濾豆腐」的作法是將豆漿倒入模型裡，與木棉豆腐先在有孔的箱子裡鋪上布，再倒入豆漿的作法不同。話說回來，現代絹濾豆腐與木棉豆腐的製作方法，與過去的差異並不大。

「竹輪豆腐」是在磨成泥的豆腐中拌入山藥，增加黏性後，裹在細竹籤上，或烤或蒸而成。我曾經試過只用豆腐，但很難掌握以重物壓出水分的比例，豆腐太軟會受到重力影響，一下子就從竹籤上掉下來；太硬又無法附著在竹籤上。這道料理的難度很高，放在通品似乎有待商榷。

「青豆豆腐」是用青大豆做的豆腐。我這次使用的是毛豆，聽說現在還有人是以綠色黃豆製作青豆豆腐。以毛豆製作時，如果單用毛豆會無法凝固，因此一定要拌入蛋白，增加黏性。其實另外也有一道名為「毛豆豆腐」的豆腐料理，不過是以葛粉增加黏性，口感比較接近芝麻豆腐。

以上幾道不是料理名稱，而是單純的豆腐製品，若以料理食材來形容更為貼切。我猜想可能是因為當時的餐廳也會單賣這些豆腐製品，因此才不特別說明調理方法吧？

以下幾道也是只寫料理名稱，「炸田樂」是在嫩心油豆腐刷上味噌或生醬油。「涼豆腐」就是冷豆腐，或是切成塊狀的豆腐。「葛田樂」就是祇園豆腐，作法眾所周知：將田樂豆腐沾溫熱的葛粉燴汁，再灑上麩粉食用。「赤味噌之敷味噌豆腐」是先在碗底鋪一層赤味噌，再放上熱豆腐。通品中只有這四道稱得上是料理。

總而言之，十道通品的作法都很簡單，可說是基本菜式。尤其是前六道「根本只能算是食材」，照理說應該要放在尋常品的前六道才對，但或許是考慮到這樣的編排可能會降低第一個等級的震撼性，所以才刻意安排在第二個等級裡。《豆腐百珍》應該是過去所有料理法的總集，不算原創食譜，但從通品部分即可看出編排的苦心。

廿七

烤豆腐

【材料】

木棉豆腐

【作法】

以重物壓著豆腐，等到壓出一定水分後，等距插入四、五根鐵籤，以中火隔一段距離將雙面烤焦（請參照第四十九頁）。

試吃心得

黃豆的香味很明顯，不只有焦香味，吃起來也很美味。可直接沾生薑醬油吃。如果放入壽喜燒燉煮，味道會更加濃醇。市面上賣的烤豆腐大多是用瓦斯槍將表面烤焦而已，根本無法與這種用火慢慢烤的烤豆腐相比。

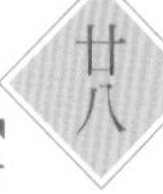

炸豆腐

【材料】

木棉豆腐

炸油

【作法】

以重物壓出豆腐水分，切成自己喜歡的大小，放入油鍋炸成金黃色。如果想要炸熟一點，可以再次下鍋油炸。

試吃心得

這就是一般常見的油豆腐，不過自己用心做的油豆腐，吃起來別有一番風味。

廿九　朧豆腐

朧豆腐是指在豆漿中放入鹽滷，尚未倒入模型的狀態。由於此時的豆腐富含水分，可以充分品嘗到黃豆的甜味。

三十　絹漉豆腐

製作絹漉豆腐時，豆漿濃度需比木棉豆腐還濃，放入鹽滷後，再倒進無孔模型，凝固後即大功告成。

卅一 炸田樂

【材料】木棉豆腐、炸油、田樂味噌

【作法】先將豆腐處理成田樂用的狀態，不裹粉直接下鍋油炸，之後以竹籤串起，放在火上烤。在單面塗上田樂味噌，烤出焦香即可。

試吃心得

豆腐炸過之後，更能吃出黃豆的味道，這道料理相當下飯。

卅二 竹輪豆腐

【材料】木棉豆腐、直徑四到五公釐的竹籤

【作法】

① 豆腐去除水分，磨成泥。

② 將①的豆腐像竹輪一樣裹在竹籤上，均勻烤熟。不過，要讓豆腐緊貼在竹籤上相當困難。原書沒有詳細說明作法，所以我建議拌入白肉魚的魚漿，或是將大和芋山藥磨成泥，與豆腐充分混合後，就能輕鬆將豆腐裹在竹籤上。

試吃心得

這道料理很費工夫，味道卻不怎樣……不過，剛烤好的時候香氣四溢。

青豆腐

【材料】

木棉豆腐

毛豆

酒、鹽

蛋白半顆

【作法】

① 豆腐徹底去除水分。

② 毛豆煮熟，去除豆莢與薄皮，放入研磨缽中磨成泥。

③ 在②的毛豆中，加入相同份量的豆腐與蛋白，繼續磨成泥。加入酒與少許鹽，拌勻後倒入模型中蒸熟。

試吃心得

吃一口立刻就能嘗到毛豆的甜味與香氣，吃完之後，黃豆的鮮味又在口腔裡縈繞不去……同樣是黃豆製品，卻能享受截然不同的美味。

卅四

涼豆腐

【材料】

木棉豆腐或絹濾豆腐

【作法】

豆腐不放冰箱，而是放在流動的水中冰鎮。若在豆腐放入碗中之前，先將碗以及碗裡的水冰到快結凍的程度，更是美味的保證。

試吃心得

在做這道料理之前，先將豆腐放在流動的水中冰鎮，就能引出豆腐香氣。這道涼豆腐讓我深刻體會到，適度的低溫能充分展現豆腐美味。

卅五

葛田樂（祇園豆腐）

【材料】

木棉豆腐

烤麩

葛粉燴汁（溶入葛粉水勾芡、味道調得重一點的清湯）

【作法】

① 先將豆腐處理成田樂用的狀態，串上竹籤，雙面稍微烤過，刷上醬油調味。

② 單面沾葛粉燴汁，再灑上粗略磨碎的烤麩，再次烤成金黃色。

試吃心得

沒想到烤過的麩這麼香，而且口感相當有趣。

卅六 赤味噌之敷味噌豆腐

【材料】

木棉豆腐

敷味噌（仙台味噌、信州味噌或八丁味噌中加入酒與味醂稀釋）

細蔥

【作法】

① 將豆腐放入熱水裡，稍微加溫。

② 在碗底鋪一層敷味噌，再放上豆腐。

試吃心得

這道料理讓我再次體會到，豆腐與田樂味噌果然是最佳組合！

烤

烤豆腐

① 在一塊完整的豆腐上，等距插入四、五根鐵籤。

② 如照片所示，用鋁箔紙包覆兩個磚頭，放在瓦斯爐的前後兩邊。放上串好的豆腐，開中火並以遠火慢慢烤。

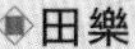

田樂

田樂用的豆腐要切小塊一點，兩個磚頭之間的縫隙較窄，因此可先在瓦斯爐放上烤肉網，再配合竹籤長度配置磚頭。

烤生豆腐時，如果豆腐水分較多，之後就不容易塗上味噌，因此一定要將豆腐烤得乾一點。

以竹籤串成田樂串

田樂串使用的竹籤有兩種，分別是前端有分岔的關西串，以及沒有分岔的關東串。

準備一個厚度約為豆腐一半的魚糕板，豆腐緊靠著魚糕板並將竹籤放在魚糕板上，小心翼翼地插入豆腐的中心點。

雖然看起來很簡單，但用目測的方式插入竹籤，很容易偏離中心點，所以算是有點難度。如果竹籤沒有插好，豆腐很容易受到重力影響而掉落。

佳品

原書

原書認為「佳品的風味略優於尋常品，料理特色在於看起來十分美觀。」從「馴染豆腐」到「豆腐排」，共有二十道。然而我瀏覽過這些菜式之後，覺得佳品在作法上，與尋常品沒有太大差異，反而是料理名稱的精緻度要高出許多。

話說回來，不同人做出來的菜會有不同味道。而且，一道菜的外觀雖然看起來差不了多少，但擺盤技巧的優劣會造成很大影響。此外，即使做同一道料理，不同地區的調味料，如味噌與醬油的口味差異，自然就會讓料理的味道不一樣。更何況以當時的客觀條件來看，各地區差異比現在還大。

以「馴染豆腐」、「雲蔽豆腐」、「瞿麥豆腐」與「豆腐排」為例，這幾道料理都使用白味噌，對於不習慣食用白味噌的關東人來說，便無法精準掌握用量。所以平常沒用白味噌煮味噌湯的人，就不太容易學會烹煮上述料理的技巧。話說回來，關東人並非完全沒有使用白味噌。從江戶時代一直流傳到現代東京的甘鯛與鰆魚西京燒，就是最具代表性的白味噌料理。西京燒就是先將魚醃漬在白味噌裡再烤熟的料理方式。由於白味噌在江戶地區屬於較特別的調味料，只有餐廳才會使用，或許是因此才會刻意取名為「西京（京都）」。

西京燒不只適合現做現吃，放涼當成便當菜，放入重箱（多層漆器便當）或薄木片飯盒中也很美味。從這一點來看，「馴染豆腐」雖是味噌燉煮料理，但改用西京燒的方式，先用白味噌醃過再烤，似乎也有另一番風味，而且可以吃到與田樂截然不同的美味。

在《豆腐百珍》出版的年代，味噌總是給人鄉下調味料的感覺，所以這本書應該是隨著新式調味料「醬油」的竄起問世的。這一點從書中料理多為醬油調味的菜式，便可以得到驗證。

無論今昔，豆腐料理大多以燉煮方式為主，雖然也有如田樂的烤法，但單純使用烤豆腐的料理其實不多。不過，通品的第一道菜就是一般當成食材用的烤豆腐，受此影響，佳品也出現了三道烤豆腐料理。

「備後豆腐」以先烤再煮的方式保留完整的豆腐形狀。「小竹葉豆腐」則是將烤豆腐撕碎後淋上蛋汁煮熟，成為一道風味獨具的料理。「豆腐排」是將烤豆腐與袱紗味噌（白味噌與赤味噌各半拌勻）攪拌在一起，再放入油鍋中炸，很適合下酒。如此美味的料理，放在佳品有些可惜。

另一方面，「麵線豆腐」以及把麵線豆腐火烤而成的「稭豆腐」，是屬於作法較複雜的菜式，我覺得比較適合應該納入奇品。我認為像稭豆腐這類型態的食物，在當時十分少見，將其取名為稭（稻桿），即代表對於以米食為主的日本人而言，稻桿真的是既重要又實用的農業副產品。

卅七

馴染豆腐（燉豆腐）

【材料】

木棉豆腐

白味噌、酒

佐料（蔥花・白蘿蔔泥・辣度較辣的綠辣椒丁）

【作法】

① 以較輕的重物壓出豆腐水分。

② 用酒將白味噌稀釋到味噌湯的濃度。

③ 將豆腐放入 ② 中，開中火煮至酒精揮發。由於味噌容易燒焦，請務必隨時搖動鍋子。原書寫道要將豆腐放在白味噌裡泡兩個小時後再煮，不過，直接煮的香味比較溫和。

④ 將豆腐與味噌盛入碗裡，再將佐料放在豆腐上點綴。

試吃心得

以白味噌煮豆腐的美味，與豆腐味噌湯完全不同。吃起來有一股溫潤的甜味，很適合小孩吃，不過，拌上白蘿蔔泥、蔥花與辣椒後，又變成適合大人的成熟味道。

卌八

苞豆腐

【材料】

木棉豆腐

甜酒（用水溶解酒粕，再加上砂糖。亦可使用市售甜酒）淺勺子1勺

鹽少許

【作法】

① 以重物壓出豆腐水分。

② 變形後的豆腐加上甜酒與少許鹽，放入研磨缽中磨成泥。

③ 將②的豆腐塑成棒狀，用竹簾捲起來蒸熟。

試吃心得

酒粕的微甜口感恰到好處，而且這道菜的口味非常清爽，很適合當下酒菜。

卌九 今出川豆腐

【材料】

木棉豆腐或絹漉豆腐、昆布高湯

酒、醬油、葛粉、炒核桃

【作法】

① 將酒倒入昆布高湯裡，再放入豆腐燉煮。煮到一半時倒入醬油調味，再用昆布高湯溶解葛粉，淋入鍋中勾芡。

② 將豆腐盛入碗裡，放上炒過的碎核桃。

試吃心得

《豆腐百珍》裡出現了一些令我大感意外的佐料，核桃就是其中之一。核桃的口感與香味充分襯托出豆腐的清淡，成為非常成功的配角。

四十 黃檗豆腐之一

【材料】

木棉豆腐、炸油、醬油、酒

【作法】

① 豆腐去水，切成較大的扁平塊狀，不裹粉直接下鍋油炸。

② 在鍋中加入醬油與酒，調出適合的味道，煮沸後放入炸好的豆腐燉煮。

試吃心得

豆腐油炸後，再以醬油與酒燉煮——雖然烹煮方法很簡單，但油炸過的豆腐吃起來很有層次感，是一道十分美味的家常菜。

四一

青海豆腐

【材料】

絹濾豆腐

葛粉

醬油

青海苔

【作法】

① 將葛粉溶入水中，調出較不濃稠的湯。用金屬湯勺舀起豆腐放入湯中，煮到軟硬適中。

② 烘烤青海苔，注意不要烤焦。烤出香味後，用手捏成粉。

③ 將豆腐盛入碗裡，淋上醬油。青海苔粉倒在茶網裡，灑在豆腐上。

試吃心得

用金屬湯勺舀起的豆腐，外形呈現倒三角形。而綠色的青海苔粉，將湯碗染成一片青海。兩種單純食材的組合，不僅看起來很有趣，還可以充分到享受豆腐的原味。

四二 淺茅田樂

【材料】
木棉豆腐、醬油、梅子醬或用篩子壓製的酸梅泥、罌粟籽

【作法】
① 先將豆腐處理成田樂用的狀態，串上竹籤，雙面都稍微烤過，刷上醬油調味。
② 烤好前在單面塗上梅子醬，灑上大量罌粟籽。再次放回火爐上，烤出香氣。

試吃心得

豆腐加上梅子醬，做成田樂料理，非常很適合下酒。

四三 海膽田樂

【材料】
木棉豆腐、醬油、生海膽或瓶裝鹽漬海膽、酒、蛋黃、鹽

【作法】
① 先將豆腐處理成田樂用的狀態，串上竹籤，雙面都稍微烤過，刷上醬油調味。
② 充分拌勻生海膽、蛋黃與鹽。若使用瓶裝鹽漬海膽，酒和蛋黃的份量就要多一點。原書只用酒，但加上蛋黃會比較容易附著在豆腐上。
③ 在豆腐單面塗上海膽，烤到海膽表面變乾即可。

試吃心得

如不惜成本使用生海膽，就能烤出醇厚芳香的海洋味道，而令人嘗到前所未有的美味田樂。

四四

雲蔽豆腐

【材料】

木棉豆腐或絹濾豆腐

糯米粉

山葵味噌（請參照第二十九頁・十八「敷味噌豆腐」）

【作法】

① 以棉布或廚房紙巾吸乾豆腐水分，灑上篩過的糯米粉，放入蒸籠中蒸熟。

② 將山葵味噌中，除了山葵之外的其他材料磨成泥備用。

③ 山葵泥拌入 ② 的味噌中，再大量放在豆腐上。可依個人喜好在山葵味噌之上，額外添加核桃與山葵泥。

試吃心得

剛蒸好的豆腐看起就像是蒙上一層雲一般，看起來十分美麗。山葵味噌既濃郁又美味，讓人想以蔬菜棒沾著吃。

四五 麵線豆腐

【材料】

木棉豆腐
蛋白
美濃紙（亦可使用薄木板或薄木紙）
清湯

【作法】

① 豆腐去除水分，放入研磨缽中磨成泥，再用篩子壓過，製成更細緻的豆腐泥。然後拌入蛋白，增加黏性。

② 將美濃紙攤開放在砧板上，用菜刀抹上薄薄一層①的豆腐。

③ 以熱水均勻淋在②的豆腐上，再放入冷水中冷卻。放涼後撕開紙，將豆腐切成細麵條狀。

④ 將麵線豆腐放入碗裡，倒入清湯。

【試吃心得】

雖然口感不像蕎麥麵那麼有彈性，但吃起來相當滑順，也很美味，令人一吃上癮。

四六 稭豆腐

【材料】

木棉豆腐

【作法】

步驟①～③與四五「麵線豆腐」一樣。將切細的麵線豆腐切成適當長度，放入鐵氟龍平底鍋煎。在煎的過程中，豆腐會自然形成像吸管一樣的中空狀，這就是稭（稻桿）。

【試吃心得】

將麵線豆腐放入鍋中煎，就會形成像稻桿一樣的中空狀。雖然作法比較繁複，但聞起來很香，還能吃到豆腐甜味。很適合下酒，也可以當成健康無負擔的零食來吃。

四七

山藥泥豆腐

【材料】

絹漉豆腐

葛湯16、大和芋山藥、蛋白少許、昆布高湯

醬油、胡椒粒

【作法】

① 將豆腐切得比烏龍麵粗。

② 大和芋山藥削皮後磨成泥。接下來原書沒有詳細說明，不過將山藥與蛋白拌在一起，倒入昆布高湯時就很容易凝固。這道料理不適合水分較多的日本山藥。

③ 將豆腐放入葛湯中煮熟，然後撈起後瀝乾水分，盛入碗裡。

④ 做步驟③的同時，在昆布高湯裡倒入醬油，調出微辣口味。湯煮滾後，用勺子舀起山藥泥放入湯中，蓋上鍋蓋。煮到山藥泥膨脹後，倒入③的碗中，再灑上胡椒粒。

【試吃心得】

不只可以當成套餐中的一道菜，餓的時候也能墊肚子，或是當消夜吃。柔軟口感十分美味。

16. 葛粉溶於水，加入砂糖，再緩緩加熱而成的透明湯汁。

四八

碎豆腐

【材料】

木棉豆腐

與豆腐相同份量的小松菜

芝麻油

醬油

柚子末、胡椒粒

【作法】

① 小松菜洗淨，葉片與莖部切成末。

② 在鍋中倒入大量芝麻油加熱，用手捏碎豆腐並放入鍋中炒，接著加入小松菜拌炒，淋上醬油調味。

③ 依個人喜好灑上柚子末或胡椒粒。

試吃心得

先將材料準備好的話，這道菜只要幾分鐘即可完成。雖然作法很簡單，卻擁有極致美味。鋪在飯上，做成「碎豆腐蓋飯」，也是很時尚的吃法。

四九

備後豆腐

【材料】

木棉豆腐

酒、醬油

柴魚片、白蘿蔔泥

【作法】

① 豆腐去除水分，串上竹籤，雙面烤成金黃色。

② 將烤豆腐放入大量的酒中，以小火燉煮到酒精完全揮發。

③ 酒精完全揮發後，倒入醬油，蓋上落蓋[17]慢慢熬煮。

④ 將豆腐與酒湯盛入碗裡，放上柴魚片與白蘿蔔泥。

試吃心得

雖然可用市售烤豆腐取代，但最好還是不怕麻煩自己烤。這道料理聞起來很香，讓豆腐更添濃郁的味道。白蘿蔔泥是豆腐料理最常見的佐料，在這道菜裡依舊不減其風采。

17. 比鍋子直徑小一圈，可以直接蓋在食材上的蓋子。落蓋可以加速食材的入味，以縮短烹煮時間。如果沒有落蓋，可以用錫箔紙代替，只要折成適當大小並戳幾個小洞即可。

五十 小竹葉豆腐

【材料】

木棉豆腐
昆布高湯
醬油、味醂
蛋
研磨山椒粉

【作法】

① 豆腐去除水分，串上竹籤，將雙面慢慢烤成金黃色。

② 以昆布高湯六、醬油一、味醂一的比例放入鍋中煮滾，再將烤豆腐撕成大塊放入燉煮。以繞圈方式淋上打好的蛋汁，蛋煮至半熟狀態即關火。灑上山椒粉提味。

【試吃心得】

這道菜保證你會一吃上癮。不過，市售烤豆腐絕對做不出這樣的美味，還是要請你不怕麻煩自己來。慢慢烤過的豆腐，表面會變得很硬，但中間還是很軟，完全鎖住豆腐美味。

五一

引摺豆腐（葛粉水清豆腐）

【材料】

木棉豆腐或絹濾豆腐

山葵味噌

葛粉

【作法】

① 豆腐切成適當大小，放入葛粉水中燉煮。

② 以湯勺撈起豆腐，連同葛粉水一起盛入碗裡。

③ 將山葵味噌點在湯碗蓋的內部，蓋在碗上。味噌要磨得稍硬，避免因水蒸氣而掉到湯裡。此外，不將山葵拌入味噌，額外沾取，風味更佳。

試吃心得

打開蓋子時只會看到豆腐，令人不禁猜想這要怎麼吃？這道料理充滿驚喜，很適合當下酒菜。稍微沾一點山葵味噌在豆腐上，一邊吃豆腐，一邊喝酒，頗有江戶時代的風情。

五二

埋豆腐

【材料】
木棉豆腐
田樂味噌
飯
山椒芽

【作法】
① 以田樂料理的作法處理豆腐，在單面塗上田樂味噌，再將豆腐烤出焦香。
② 將豆腐放在較深的碗裡，放上熱飯，再擺上山椒芽。

試吃心得

雖然作法較費工，但很適合肚子餓或酒後填肚時食用。話說回來，味噌的香氣與甜甜辣辣的味道，巧妙結合了豆腐與白飯，讓這道菜成為不可思議的美味下酒菜。

五三

釋迦豆腐

【材料】

木棉豆腐

葛粉

炸油

鹽

【作法】

① 將塊狀葛粉敲碎成米粒大小。可先大致敲碎，用粗網篩篩過一次，再用細網篩篩過。

② 請用與第二十二頁・九「霰豆腐」一樣的作法處理豆腐，去除水分。要注意的是，豆腐水分太少，葛粉就不容易附著，因此表面還是要有濕潤感。

③ 在豆腐表面均勻灑上葛粉，立刻放入油鍋中，炸至金黃色。炸好的豆腐擺放一段時間後會開始出水，溶解葛粉，因此一定要趁熱吃。可依個人喜好灑鹽調味。

試吃心得

炸得酥脆的豆腐吃起來很甜，口感就像糯米點心一樣，讓人一口接一口。

五四

瞿麥豆腐

【材料】

絹濾豆腐

山藥（日本山藥）

鹽、白味噌、酒

青海苔、辣椒

【作法】

① 在水中加入少許鹽，將山藥放入煮熟。取出後用棉布拭乾水分，去皮，趁熱用篩網壓成泥。

② 將豆腐切成五公分塊狀，放入熱水中溫熱。

③ 用酒稀釋白味噌後加熱，關火後拌入青海苔，製成青味噌。

④ 辣椒泡在水中，變軟後切成絲。當成花蕊使用。

⑤ 將豆腐盛入碗裡，放上青味噌，再放上用篩網壓成的山藥泥。最後擺上辣椒絲，表現出雄蕊的感覺。

試吃心得

這道料理刻意營造出瞿麥花的意象，十分美觀。山藥的口感宛如淡雪，青味噌吃起來既軟又甜，再加上豆腐原味，所有元素完美融合在一起，也融化了我的心。

五五

沙金豆腐

【材料】

木棉豆腐（或以市售油豆腐皮取代）

餡料（鴨腿或雞腿肉、鯛魚、木耳、銀杏、牛蒡、香菇、紅蘿蔔、蛋）

昆布或乾瓢（乾葫蘆條）、芝麻油、昆布高湯

醬油、鹽、味醂、酒

研磨山椒粉

【作法】

① 原書寫道，要將整個豆腐放入鍋中油炸，再挖空內部，不過，我認為可以使用市售油豆腐皮取代，作法為：油豆腐皮淋上熱水去油，做成袋狀。

② 牛蒡削成絲，泡水去澀。香菇、木耳與紅蘿蔔切絲。所有食材以芝麻油拌炒，淋上酒與醬油調味。

③ 鴨肉與鯛魚切小丁。

④ 將②的蔬菜、③的鴨肉與鯛魚填入油豆腐袋中，再倒入打散的蛋汁，淹過所有食材，然後以用水泡軟的乾瓢束緊袋口。

⑤ 昆布高湯中倒入酒、醬油、鹽、味醂，調出微甜口味。將油豆腐袋的袋口朝上放入鍋中，慢慢燉煮。燉煮時要避免油豆腐袋翻動。起鍋後灑上山椒粉食用。

試吃心得

用料豐富，味道也很有層次感，很適合宴請客人。

五六

豆腐排

【材料】

烤豆腐（請參照第四十九頁）

相同份量的白味噌與八丁味噌

蛋白

麵粉

炸油

【作法】

① 用菜刀搗碎烤豆腐與味噌，並充分拌勻。原書的比例是豆腐七、味噌三，但我覺得味噌用量少一點比較美味。

② 將蛋白放入①中，增加黏性後，捏成直徑三公分的豆腐排，再均勻灑上麵粉，放入鍋中油炸。

試吃心得

這道料理不只能當茶點，也是很棒的下酒菜。豆腐與味噌很適合做成油炸料理——雖然作法很簡單，味道卻很豐富。不只趁熱吃很美味，放涼後品嘗也別有一番風味。

切成細絲

① 將豆腐切成七公釐寬左右。將菜刀刀刃放在豆腐上，再用左手大拇指下壓菜刀。

② 將每一塊 ① 的豆腐切成細絲。切法如下：按照 ① 的方法，將菜刀刀刃放在豆腐上，再用左手大拇指下壓菜刀。將豆腐靠在魚糕板上會比較好切。切好的豆腐要立刻泡在水或溫水裡。

打結

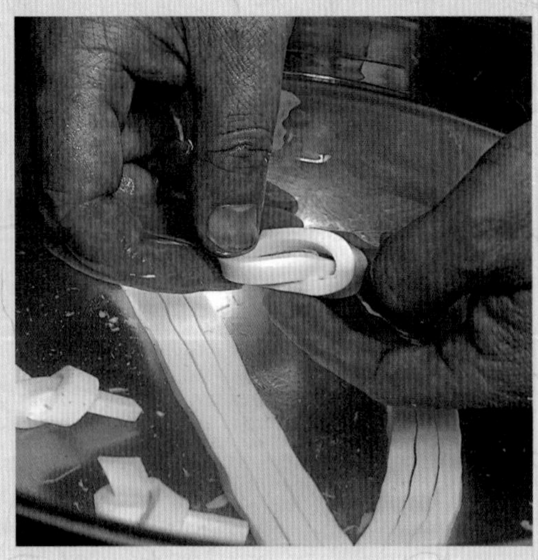

將切好的豆腐絲放入溫度比泡澡水低一點的溫水中。溫水能讓豆腐變軟，比較好打結。原書寫道將豆腐泡在醋水裡，但醋會讓豆腐變得太硬，而且還要另外去除醋的味道，我不太推薦。

奇品

根據《豆腐百珍》的解釋，「奇品是指具有獨特創意，出人意表的料理。」從「素蜆」到「蓮豆腐」，共計十九道。

一般來說，聽到獨特食物或創意料理時，人們通常不會期待它的味道，但《豆腐百珍》裡的奇品，全都是令人讚賞的美味佳餚。「奇」不只是表現在名稱上，也體現在作法裡，而且每一道都很好吃。尤其是「素蜆」，將徹底去除水分的豆腐快速拌炒，竟然能製作出口感接近蜆的料理，真不愧是奇品。

奇品的另一個特色，就是出現好幾道仿葷料理。我在此稍作介紹。

「素海膽田樂」是用麴表現粒粒分明的海膽，再用辣椒與醬油調出海膽的顏色。這道菜吃起來又甜又辣，雖然完全不像海膽，但無損其美味。

現代人對於齋戒或是慎身心、斷酒肉的精進潔齋愈來愈不在意，所以不太清楚仿葷料理不只帶有模仿葷食的玩心，也蘊藏著分開食用葷菜與素菜的意涵。以前的人很認真執行葷素分食的飲食方法，因此仿葷料理可說是必需品。「素香魚」就是最具代表性的仿葷料理。閉起眼睛，穩定心神，拿起剛炸好的素香魚沾取蓼醋食用，感覺就像是在身體裡注入一股清流。

關東地區將模仿「飛龍頭」的仿葷料理稱為「角飛龍頭」，光從味道判定，尋常品的飛龍頭比較美味，但遇到用餐時段，一般餐廳可無法供應那麼大量的現炸飛龍頭，或許就是基於這種現實考量，才發明出角飛龍頭的作法。只要先做好事前處理，就能瞬間縮短油炸時間，因此角飛龍頭是為了因應節日慶典的特殊需求，而發展出的料理。

「豆腐麵」很類似沖繩的鄉土料理。先在鍋中熱好用量較多的油，再放入大量青菜與豆腐，開大火迅速炒熟起鍋，即可完成一道大火料理。一般家庭的瓦斯爐火力較弱，所以炒麵線時要先將麵線煮硬一點。此外，豆腐也要選硬一點的製品。失敗也無所謂，多累積一些經驗就能做出屬於自己的料理。營養學者也認為這道「豆腐麵」可以吃到許多蔬菜，有益身體健康。而且醬油的香氣與味道真的是太出色了。

奇品中最令我印象深刻的就是「玲瓏豆腐」。其實很久以前，我曾經也試著重現《豆腐百珍》的料理，不過當時我是先從看起來好吃的、自己想做的料理做起，而這道「玲瓏豆腐」一直引不起我的興趣，所以刻意留在後面才做。當時我認為，這道料理只用豆腐與寒天，真的是太簡單了，根本提不起我的興趣。後來聽從許多朋友的建議，才改用絹濾豆腐，而非木棉豆腐；改用黑蜜也比醋醬油對味。從那之後歷經了三十年，「玲瓏豆腐」已然成為本店料理必備的最後一道甜品，具有不可動搖的地位。仔細想想，一般人根本想像不到豆腐可以與寒天搭配在一起，這道料理的創意真的太優異了。

五七

素蜆

【材料】

木棉豆腐

炸油

醬油、酒

青山椒（尚未成熟的山椒果實）

【作法】

① 豆腐徹底去除水分，用手捏碎放入鍋中，以四、五根免洗筷拌炒。用湯匙撈掉炒出來的水分，要一直炒到水分收乾、豆腐大小與蜆差不多為止。

② 將①的豆腐放入油鍋，迅速炸過。再放入湯鍋中，以時雨煮的方式，用醬油與酒將豆腐燉煮入味，最後盛入碗裡，灑上青山椒末。

試吃心得

外觀看起來就跟蜆一模一樣，令人驚喜。油炸後味道相當濃郁，很適合當下酒菜。

五八

玲瓏豆腐

【材料】

絹濾豆腐

寒天（洋菜）

【作法】

① 將寒天倒入鍋中，煮沸溶解。

② 將豆腐切成自己喜歡的形狀，或任意捏碎。

③ 豆腐放入方型蒸模中，再慢慢倒入寒天，放涼後再移入冰箱冷藏。吃的時候請用黑蜜或三杯醋[19]調味。原書原本是以煮開的寒天水燉煮豆腐，但這個方法會使寒天充滿豆腐的澀味，最好避免。

試吃心得

淋上黑蜜的玲瓏豆腐是一道相當順口的優雅甜點。可以吃到濃濃豆腐香的同時，口感依然清爽，令人深刻體會到豆腐的神奇魅力。

19. 由相同分量的醋、醬油和味醂調製而成的綜合調味料。

五九

素海膽田樂

【材料】

木棉豆腐

麴

味醂

醬油

辣椒粉

【作法】

① 取適量的麴、味醂、醬油與辣椒粉充分混合，靜置一段時間。仔細攪拌辣椒粉和麴，做出類似海膽的形狀。

② 先將豆腐處理成田樂用的狀態，串上竹籤，雙面稍微烤過，刷上醬油調味。

③ 在豆腐單面塗上好幾層①，烤出焦香為止。

試吃心得

外表看起來就跟海膽一樣，而麴的甜味和辣椒粉的辣味，與豆腐巧妙結合，十分出色。

六十

蘭田樂

【材料】

木棉豆腐

醬油

田樂味噌

山椒粉

剛搗好的年糕或道明寺粉[20]

【作法】

① 先將豆腐處理成田樂用的狀態，串上竹籤，雙面稍微烤過，刷上醬油調味。

② 在豆腐的單面，塗上拌入山椒粉的田樂味噌，放在火上烤。

③ 將年糕或用道明寺粉做成的年糕，套在豆腐上，繼續烤至變色。

試吃心得

柔軟的豆腐與年糕的彈性合而為一，口感相當有趣。重點是，豆腐與田樂味噌真的很搭。

20. 糯米蒸透後曬乾磨成的粉，是日式甜點的常見材料。名稱則是因為起源於大阪府的道明寺村宗尼姑庵而得名。

六一

簑田樂

【材料】

木棉豆腐、醬油、田樂味噌、胡椒粒、柴魚片

【作法】

① 先將豆腐處理成田樂用的狀態，串上竹籤，雙面稍微烤過，刷上醬油調味。

② 在田樂味噌中拌入許多胡椒，塗在豆腐單面上，繼續烤至焦香味出現為止。最後灑上大量柴魚片食用。

試吃心得

覺得田樂味噌不夠味時，可依個人喜好搭配胡椒、山椒與辣椒等調味料，再灑上大量柴魚片就很好吃。這道料理的胡椒辣味具有畫龍點睛之效，很適合當下酒菜。

試吃心得

煎豆腐的口味比炸豆腐更清淡，一邊煎一邊吃，肯定又有另一番風味。

六二

六方焦著豆腐

【材料】

木棉豆腐、油、白蘿蔔泥、醬油

【作法】

① 豆腐去除水分，將每塊豆腐切成四份。

② 擦乾豆腐表面的水分，在鍋中放少許油，煎至六面都呈金黃色。

③ 將豆腐盛入盤裡，在旁邊放上白蘿蔔泥、蔥花等佐料，依個人喜好以醬油調味。

試吃心得

帶有焦香的味噌香氣令人食指大動，吃起來有點辣，卻有令人懷念的味道。很適合配飯或下酒。

六三

茶禮豆腐

【材料】

木棉豆腐、袱紗味噌（混合相同份量的白味噌與八丁味噌所製成的味噌）、酒、竹葉、研磨山椒粉

【作法】

① 豆腐切大塊。

② 在平底湯鍋的底部鋪滿竹葉，放上豆腐，再蓋上滿滿的袱紗味噌，以小火熬煮半天。由於味噌很容易燒焦，可先用酒稀釋。

六四

糟入豆腐（豆糟燉什錦）

【材料】

木棉豆腐

什錦配料（鯛魚・鴨肉・烤栗子・木耳・市售油豆腐皮）

酒、醬油、味醂

【作法】

① 豆腐去除水分，放入研磨缽中磨成泥，然後加酒燉煮，再淋上少許醬油調味。豆腐去除一定程度的水分之後，就會變得像豆糟一樣碎碎的。

② 木耳與油豆腐皮切絲，其他食材切成適當大小，以醬油、酒、味醂燉煮入味。

③ 將什錦配料與豆腐充分拌勻，再下鍋迅速煮過。

試吃心得

香氣與味道都很誘人，這是一道十分豐盛的料理。

六五

素香魚

【材料】

木棉豆腐

麵粉、炸油

鹽

蓼醋

【作法】

① 以重物壓出木棉豆腐的水分，切成長柱狀。

② 原書沒有詳細說明，但下鍋前應在豆腐表面均勻灑上麵粉，才能炸得酥脆。炸好後，灑上少許鹽調味。

③ 將蓼葉放入研磨缽中磨成泥，再用篩網壓過，拌入醋中，製成蓼醋。蓼醋放在一旁當作沾醬。

試吃心得

擺盤的感覺就像是香魚一樣。而蓼醋的清爽香氣和辣味能讓炸豆腐的味道更加出眾。

六六

小倉豆腐

【材料】

木棉豆腐
海苔
白肉魚的魚漿
柚子
清湯

【作法】

① 以重物壓出木棉豆腐的水分。

② 將捏碎的海苔、豆腐與用來增加黏性的魚漿放在砧板上，以菜刀邊剁邊拌勻。

③ 在魚糕板均勻抹上一層②，放入蒸籠中蒸熟。放涼後，切成塊狀。

③ 可依個人喜好調味。範例照片使用清湯，再放上柚子增添香氣。

【試吃心得】

這道菜可以說是飽含豆腐味道與香氣的「半平」魚漿片。做好後不只能當湯料使用，直接沾山葵醬油或生薑醬油吃也很美味。

六七

縮緬豆腐（烏龍豆腐麵）

【材料】

絹濾豆腐

葛燴汁（葛粉、昆布高湯、醬油、酒、味醂）

山葵泥

【作法】

① 將豆腐切成如烏龍麵一樣的長條狀，泡水維持柔軟度。

② 以網勺撈起豆腐，放入小碗中蒸熟，然後淋上調味好的葛燴汁，再放上山葵泥提味。

【試吃心得】

吃完之後全身都暖了起來，是最適合寒冷冬夜吃的料理。

六八

角飛龍頭

【材料】

木棉豆腐

配料（牛蒡、銀杏、木耳、火麻仁、栗子、百合根等）

醬油、酒、葛粉

芝麻油

【作法】

① 豆腐去除水分。

② 配料以醬油與酒調味。

③ 豆腐放入研磨缽中磨成泥，加入配料充分拌匀，再放入少許葛粉增加黏性。

④ 將③放入木箱或方型蒸模裡，開中火蒸十五分鐘。放涼後切成適當大小。

⑤ 上桌前迅速炸過。

試吃心得

這道菜吃起來有一種甜味，芝麻油的香氣也令人百吃不厭，而且口感完全不像豆腐。沾醋醬油吃，可以嘗到另一種美味。這道料理保存期限較長，可多做一點備用，家裡臨時有客人造訪，或是想再加一道菜時，都很方便。

六九

焙爐豆腐

【材料】

木棉豆腐

醬油、酒

【作法】

請參照第二十六頁．十五「壓豆腐」的作法，先處理好豆腐。先用相同份量的醬油與酒燉煮豆腐，煮好後切成絲，放在砧板上涼乾，以焙爐（或電熱盤）烘烤，注意不要烤焦。

試吃心得

成品看起來很像魷魚絲。由於這道菜已經燉煮入味，不只能配日本酒，搭配啤酒或威士忌也很對味。

七十

鹿子豆腐

【材料】

木棉豆腐

紅豆

昆布高湯、鹽、葛粉

【作法】

① 徹底去除豆腐水分後，放入研磨缽中磨成泥，灑上少許鹽調味。

② 紅豆煮到軟，拌入①的豆腐中。

③ 在碗中鋪上薄木紙，放上捏得較大的豆腐丸子，放入蒸籠中蒸熟。

④ 原書表示調味依個人喜好。範例照片使用的是葛粉勾芡的清湯。

試吃心得

這道料理口味清淡，有益健康。由於作法並不複雜，不妨當成家常菜食用。

七一

移豆腐（魚鮮豆腐）

【材料】
木棉豆腐
鯛魚
鹽、生薑泥、醬油、柚子皮

【作法】
① 鯛魚片灑上少許鹽醃過，淋上熱水，燙成白色。
② 在土鍋中倒入加了少量酒的水，再放入①的鯛魚片、切成大塊的豆腐，煮出鯛魚的鮮味。
③ 取出提鮮用的鯛魚，以磨泥器削柚子皮，灑在豆腐上。食用時可沾生薑醬油。

【試吃心得】
以鯛魚熬湯，讓豆腐吸滿鯛魚的鮮味，可說是一道不惜成本的料理。漂浮著鯛魚油脂的清湯，讓人想全部喝光。

七二

冬至夜豆腐

【材料】

木棉豆腐

葛粉

酒、醬油

芝麻醬少許、胡椒粒

【作法】

① 將豆腐切成八角形。

② 在鍋底鋪上薄木紙，以相同份量的醬油與酒燉煮 ① 的豆腐，直到完全入味。

③ 步驟 ① 中切下來的豆腐邊角，加入葛粉和少許芝麻醬拌勻並磨成泥，接著添加胡椒粒，做成豆腐味噌。

④ 將煮好的豆腐盛入碗裡，放上大量豆腐味噌。原書曾提到：「紫野大德寺的僧侶會以味噌煮豆腐，再淋上豆腐味噌食用。一到冬至夜，整座山的所有寺院都會煮這道豆腐料理。」

試吃心得

煮熟調味的豆腐，搭配原味的豆腐味噌，成了一道適合細細品味的料理。

七三

味噌漬豆腐

【材料】

木棉豆腐
田舍味噌
煮過的米酒
美濃紙

【作法】

① 以重物壓豆腐，靜置一晚，徹底去除水分。
② 用煮過的米酒溶解味噌。
③ 拿出美濃紙（亦可改用紗布）包①的豆腐，浸在味噌中醃一整天。稍微稀釋過的味噌，醃漬速度比較快；一般的固態味噌需要長時間醃漬，不過味道較好。

試吃心得

豆腐與味噌都是黃豆做成的，而黃豆內含的脂肪會產生如乳酪一般的溫潤鮮味。醃漬時間可依個人喜好調整，由於醃久一點也很好吃，不妨多做一些，隨時備用。

七四

豆腐麵

【材料】

木棉豆腐
青菜（小松菜）
麵線
芝麻油三大匙
醬油

【作法】

① 豆腐去除水分。
② 小松菜切成末。
③ 麵線煮得稍硬，瀝乾水分。三種食材的比例為：豆腐半塊、小松菜四分之一、麵線一把。
④ 中華鍋先預熱，倒入芝麻油，轉動鍋子使油均勻分布，用手捏碎豆腐並放入鍋中，接著放入小松菜拌炒，淋上醬油調味，最後放入麵線，轉大火快速炒熟。

試吃心得

這道料理很像沖繩的炒麵線。醬油香氣令人食指大動，美味百吃不膩。

七五 蓮豆腐

【材料】

木棉豆腐

蓮藕

敷味噌（白味噌、芝麻醬、砂糖）

一味唐辛子

【作法】

① 去除豆腐水分。

② 蓮藕去皮，泡水一段時間，去除澀味。再以磨泥器磨成泥。

③ 混合相同份量的豆腐與蓮藕，再用美濃紙包起，放入水裡煮。

④ 在白味噌中拌入芝麻醬與少許砂糖，拌勻後鋪在碗底，放上③的蓮豆腐。依個人喜好灑上一味唐辛子等調味料。

試吃心得

這道菜可以吃到蓮藕的酥脆感與豆腐的柔軟感，香味也很誘人。

妙品

原書寫道：「妙品是比奇品出色的菜式。奇品的重點在於獨特的外觀，但美味度絕對不及妙品；妙品則是外觀與美味兼具的料理。」從「光悅豆腐」到「炸豆腐包」，共十八道料理。與奇品相較，妙品的每一道菜無論是名稱、作法都相當正統。

田樂在《豆腐百珍》的百道料理中共占十四道，其中尋常品三道、通品兩道、佳品兩道、奇品兩道、妙品兩道、絕品一道。姑且不論數量多寡，既然各個等級都有田樂料理，就代表田樂是最經典的豆腐料理型態。不只作者何必醇這麼想，讀者應該也認同這樣的看法。田樂不是只塗上味噌再烤而已，還有使用醬油或其他調味料的作法。妙品中有三道田樂，其中兩道使用油，分別是「交趾田樂」與「阿漕田樂」。我從來沒在其他料理書上看過用油烹調的田樂。進一步分析，在十八道妙品中，有九道使用油，占了半數。

也因此可以得知，既然妙品是美味與外觀兼具的料理，美味應該多是來自於油。而且全書一百道料理中，使用油的料理只有十八道，其中一半都在妙品，更是印證了這一點。

有趣的是，在最後的「絕品」中，使用油的料理會刻意剝掉豆腐皮，盡量去除油膩口感。所以可知，以前的人雖然深知油的美味，但還是會盡力去油。而且值得注意的是，油炸食品去油有一個好處，那就是放入鍋中燉煮時比較容易入味，或許這就是當時廚師的料理智慧。

用油烹調的「石燒豆腐」與「犁燒」，作法相當簡單，邊煎邊吃的食用方法也能品嘗到與一般的烤豆腐截然不同的美味。以美味程度來說，預先做好的料理絕對沒有剛做好的料理好吃，剛做好的料理也絕對比不上邊做邊吃的菜餚。所以我認為，「石燒豆腐」的美味在這百珍之中，可以躋身前三名。

或許是油的美味太過驚人，其他料理反而不太出色。在妙品中其實也有許多燉煮料裡，例如「光悅豆腐」、「茶豆腐」、「煮拔豆腐」等，需要用酒、煎茶湯或是昆布高湯「長時間」慢慢熬煮的菜式。「加須底羅豆腐」

光悅豆腐

【材料】

木棉豆腐

鹽、酒

【作法】

① 豆腐徹底去除水分，處理成田樂用的狀態，切得較大塊，串上竹籤，然後均勻灑上鹽，以烤豆腐的作法，將雙面烤得焦香。

② 在鍋中倒入酒加熱，酒精揮發後，放入豆腐煮到溫熱即可。

試吃心得

焦香氣、酒的甜味與薄鹽豆腐的鮮味，這就是正統的成熟風味。

七七

真之卷纖豆腐

【材料】

木棉豆腐

餡料（栗子、牛蒡、木耳、銀杏、麩、芹菜或青菜）

腐皮、醬油、炸油、油、乾瓢、蛋

卷纖醋（相同份量的醬油與醋、生薑泥）

【作法】

① 豆腐去除水分，將一塊豆腐切成十二片，迅速過油。將炸過的豆腐切成兩半，再切成絲。可用嫩心油豆腐代替。

② 栗子與牛蒡切成極細絲，木耳與麩切成細絲，銀杏切碎，芹菜切成末。

③ 熱好鍋後，依序放入銀杏、牛蒡、芹菜、木耳、麩、豆腐與栗子，充分拌炒後，以醬油調味。放涼後，倒入適量蛋汁攪拌，增加黏性。

④ 將生腐皮或泡水還原的腐皮攤開在砧板上，鋪上一．五公分厚的③的餡料，像壽司一樣捲起，再以泡水還原的乾瓢打結固定。

⑤ 將腐皮捲放入油鍋中，炸到腐皮金黃酥脆後，切成一口大小。生薑泥放入醬油與醋中，拌勻後用篩網過濾，做成卷纖醋。沾取食用。

試吃心得

這道料理與越南的「炸春捲」有異曲同工之妙，總之就是一句話：好吃！酥脆的腐皮口感與難以形容的香氣，還有絕妙的餡料組合，令人一吃上癮。

七八 交趾田樂

【材料】
木棉豆腐
醬油
芝麻油
唐辛子味噌（田樂味噌、辣椒）

【作法】
先將豆腐處理成田樂用的狀態，串上竹籤，雙面稍微烤過，刷上醬油調味。之後再刷上芝麻油烤，最後在單面塗上唐辛子味噌，烤出焦香為止。

試吃心得

一般說到「田樂」，總給人口味偏甜的感覺。不過，這道交趾田樂在芝麻的香氣與甜味中，還能嘗到唐辛子味噌的辣味，不僅下飯，也很下酒。

七九 阿漕田樂

【材料】

木棉豆腐
調和醬油（醬油與煮過的米酒調和而成）
炸油（芝麻油）
田樂味噌
研磨柚子粉

【作法】

① 先將豆腐處理成田樂用的狀態，放入口味較淡的調和醬油裡燉煮，煮到水分收乾為止。
② 以芝麻油炸①的豆腐。
③ 以竹籤串豆腐，在單面塗上田樂味噌，烤出焦香為止，最後灑上研磨柚子粉。

試吃心得

由於作法比較複雜，可以吃到層次十足的美味。

八十 雞蛋田樂

【材料】

木棉豆腐

蛋、醬油、酒、醋

山葵泥、罌粟籽

【作法】

① 先將豆腐處理成田樂用的狀態，串上竹籤，雙面稍微烤過，刷上醬油調味。

② 雞蛋打入碗裡，加入醬油與少許酒，再添加少許醋，充分拌勻。

③ 將②的蛋汁刷在①的豆腐上，放在火上烤。重複幾次塗蛋汁再烤的動作以便入味，烤到蛋變膨就算完成。最後灑上罌粟籽，再點上山葵泥。

試吃心得

雖然味道很簡單，蛋的美味與現磨山葵泥卻能充分襯托出豆腐原味。

八一 真之八杯豆腐

【材料】
絹濾豆腐
八杯汁（水或昆布高湯六、醬油一、酒一，加起來就是八杯）
白蘿蔔泥

【作法】
將水（或昆布高湯）與酒放入鍋中加熱，滾了之後加入醬油續煮。以湯勺舀豆腐，放入鍋裡煮，煮到豆腐浮起後再盛入盤裡，放上白蘿蔔泥。

試吃心得

這道豆腐料理百吃不厭，作法也很簡單，是我們家最常吃的早餐之一。

八二

茶豆腐

【材料】

木棉豆腐

特極煎茶

調和醬油（醬油、少量的酒）

柴魚片、山葵絲

【作法】

① 在鍋中倒入足以蓋過豆腐的水煮煎茶。

② 將豆腐放入①中，慢慢燉至豆腐微微變色為止。

③ 倒掉煎茶，重新煮過。以新的煎茶加熱豆腐，增添新鮮香氣與味道。

④ 在碗裡倒入調和醬油，放入豆腐，灑上柴魚片、山葵絲。

試吃心得

這道料理也很豐盛，可以享受到淡淡茶香與茶味。

八三 石燒豆腐

【材料】

木棉豆腐、油、醬油、白蘿蔔泥

【作法】

① 豆腐切成一口大小，去除水分。

② 在煎鍋（或電熱盤）中倒入較多油，轉動鍋子使油均勻分布。放入豆腐，煎至金黃色，注意不要煎過頭。起鍋後搭配白蘿蔔泥與醬油一起吃。

試吃心得

這就是一般的煎豆腐。雖然調理方式很簡單，但豆腐、白蘿蔔泥與醬油的組合，非常美味。

八四 犁燒

材料和作法與八三「石燒豆腐」完全相同，唯一不同就是要以農耕使用的犁（農具）當鍋子。

試吃心得

這道料理推薦給想要享受正統風味的讀者。

八五 炒豆腐

【材料】
木棉豆腐、佐料（青海苔、油、醬油）

【作法】
① 豆腐煎法與八三「石燒豆腐」相同。
② 烘焙青海苔並磨成粉，放入耐熱容器裡，慢慢滴入熱油，充分拌勻，再以小火加熱，倒入醬油調味。
③ 將  的佐料灑在豆腐上。

試吃心得

飽含油與醬油的青海苔呈現出意想不到的風味，是很出色的佐料。

八六 煮拔豆腐（燉豆腐）

【材料】
木棉豆腐、鰹魚高湯、醬油

【作法】
以清淡口味的鰹魚高湯燉煮豆腐，從早上以中火一直燉到傍晚。高湯不夠時要隨時添加。

試吃心得

所有廚師都知道「豆腐絕對不能煮太老」，但這道料理必須把豆腐熬煮出氣泡孔。燉得如此入味，就能吃出另一種美味，令人不由得讚嘆豆腐的神奇。

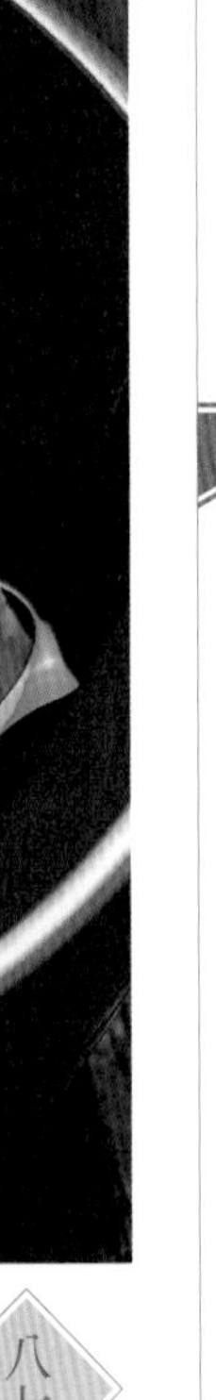

八七

素煮拔豆腐（素燉豆腐）

【材料】

木棉豆腐
昆布高湯
鹽漬山椒籽

【作法】

將第一〇一頁「煮拔豆腐」的鰹魚高湯換成昆布高湯，以中火燉一整天。原書寫道一開始燉的時候就要放入山椒籽，但我認為燉好後再放的味道比較香。很難買到鹽漬山椒籽時，亦可在高湯中加入一撮鹽。

八八

骨董豆腐

【材料】
木棉豆腐或絹漉豆腐
葛粉、醬油
柴魚片、川海苔、辣椒、蔥、白蘿蔔泥

【作法】
① 用菜刀在豆腐中間劃十，注意不可切開豆腐，放入葛粉水中燉煮。
② 將醬油倒入碗中，放滿柴魚片，再放上豆腐。
③ 接著將川海苔、辣椒段、蔥與白蘿蔔泥放在豆腐上，吃的時候充分拌勻，取適量於碟子裡。

試吃心得

吃起來很像湯豆腐或涼拌豆腐，「充分拌勻」後更是美味。放在飯上一起吃，也能吃到另一種風味。

八九 空蟬豆腐

【材料】

木棉豆腐
芝麻油、醬油、酒
蛋、鯛魚櫻花鬆
火麻仁、山椒粉

【作法】

① 豆腐放入鍋中，乾炒至水分完全收乾後，再倒入芝麻油拌炒，淋上醬油與酒調味，炒至如豆渣一樣的顆粒狀。

② 在①中打入一顆蛋，以小火炒乾。

③ 在②中加入櫻花鬆、火麻仁與山椒粉，充分拌勻即可。

試吃心得

豆腐的白色、雞蛋的黃色與櫻花鬆的粉紅色，不只色彩繽紛，微甜的味道也深深吸引人。下次做便當時不要用海苔，改做「空蟬豆腐便當」吧！

九十

蝦豆腐

【材料】

木棉豆腐

蝦子（依個人喜好選用小型對蝦或砂蝦）

醬油、鹽

蔥、白蘿蔔泥、山葵、油

【作法】

① 豆腐徹底去除水分，放入研磨缽中磨成泥。

② 蝦子剝除頭部、尾巴與外殼，以菜刀剁碎。

③ 在鍋中倒入油，開火熱鍋後，放入豆腐與其他材料拌炒，添加醬油與鹽調味。

試吃心得

蝦子的鮮味，蔥與白蘿蔔泥的嗆味十分出色，好吃到無可挑剔。

九一

加須底羅豆腐

【材料】

木棉豆腐

煮過的米酒

【作法】

將整塊豆腐浸在酒中放一晚後，開中火燉煮四小時。豆腐會先膨脹，之後就會變小。一顆顆氣泡孔看起來就像長崎蛋糕21一樣，因此得名。

試吃心得

這道料理巧妙運用豆腐煮久就會產生「氣泡孔」的特性。順帶一提，長崎蛋糕是在一五五六年傳入日本，據說當時的長崎蛋糕，長得就像海綿蛋糕一樣。經過創業於寬永元年（一六二四）的長崎蛋糕店「福砂屋」老闆改良後，才演變成現在的樣子。

21. 長崎蛋糕的日文為「カステラ」（kasutera），漢字寫成「加須底羅」。

九二

別山燒

【材料】

絹濾豆腐

昆布高湯

醬油、酒

飯、味噌

胡椒粒

【作法】

① 將豆腐切成烏龍麵的樣子（請參照第二十八頁十七「醬汁烏龍豆腐麵」的作法）。在高湯中添加醬油與酒調味，再放入豆腐燉煮。

② 用手取一把溫熱的飯加以搓揉，捏成丸子狀的飯糰，抹上加了胡椒粒的味噌，串上竹籤，放在火上烤。揉過的飯可以增加黏性，避免飯糰散掉。

③ 將②的飯糰放入碗裡，再淋上煮得恰到好處的烏龍豆腐麵與湯汁。

試吃心得

這道烏龍豆腐麵除了可以吃到豆腐原味，還有烤得焦香的味噌烤飯糰的美味。建議烏龍麵店將這道料理納入菜單中。

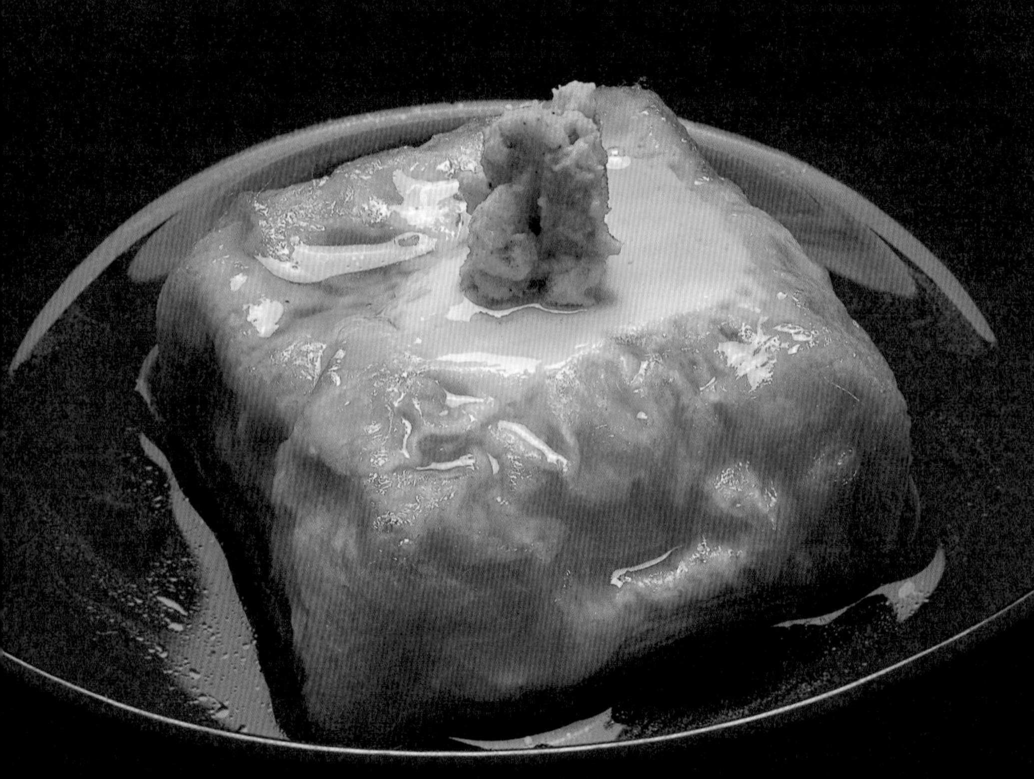

九三

炸豆腐包

【材料】

木棉豆腐

芝麻油

調和醬油（醬油、少量的酒）

昆布高湯、葛粉

研磨山葵醬

【作法】

① 豆腐切成適當大小，用美濃紙包住，以繩子綁好固定。

② 在平底容器中鋪上一層炭灰，放上一塊乾布，再鋪上和紙。最後放上①的豆腐，靜置一段時間（請參照第三十八頁）。

③ 適當地去除豆腐水分後，不要拆開美濃紙，直接放入油鍋中慢慢炸，炸到紙變透明時即可撈起。

④ 以醬油調味高湯，再淋上入葛粉水勾薄芡，放入③的豆腐燉煮。起鍋後，在正中間放上研磨山葵醬。

試吃心得

以炭灰去水的方法，比使用重物更能做出豆腐的柔軟口感。讓人再次體會到「豆腐的美味取決於水」的真理。

絕品

《豆腐百珍》認為「絕品是比妙品高一個等級的料理。奇品與妙品的料理已具備極致美味，但難免還是有美味過頭的感覺。絕品則不只有珍稀或擺盤美麗而已，還專注於追求可襯托出豆腐原味的調味料份量，並加註在後。喜歡豆腐的人，千萬不能錯過。」從「葛粉水煮炸豆腐」到「真之烏龍豆腐麵」，共七道料理。

換句話說，絕品就是七道最極致的豆腐料理。是否真是如此？且讓我們一起探究吧！

妙品最搶眼的就是用油烹煮的料理，「葛粉水煮炸豆腐」也是先用油炸豆腐。特別的是，只有這道料理要在豆腐炸好後放入水裡沖洗，去除油脂。這一點與其他等級的炸豆腐明顯不同。而在吃「辣料豆腐」時，一定要沾取生薑泥與豆腐一起吃，但一塊豆腐就要用掉十塊薑，生薑的風味太強，搶過了豆腐的鋒頭。

「礫豆腐」是絕品中的田樂料理，因此可說是田樂中的極品。此外，雖為味噌田樂，卻使用醋味噌，這一點也很特別。由於醋不耐熱，因此不加熱，只淋在豆腐上。拔掉田樂的竹籤，將豆腐放入附蓋子的樂茶碗[22]裡，感覺極其優雅，味道也很出眾。

湯豆腐的禁忌就是煮太久，但如果使用九七「湯豆腐」的作法，不只不會過度加熱，還能保持豆腐的柔嫩，而且看起來就像是一道高級的湯豆腐。豆腐的美味自不在話下，這道菜還能細細品嘗醬油和佐料的味道，就連使用的鍋具與碗盤也極度講究。

在百道料理中，豆腐與飯的組合只有三道，分別是佳品的「埋豆腐」、妙品的「別山燒」以及絕品的「雪消飯」。「別山燒」與「雪消飯」皆使用烏龍豆腐麵，「別山燒」以味噌調味，「雪消飯」則是醬油口味。醬油的味道應該比味噌清淡，因此原書還特別註明「醬油的風味會逐漸消失，轉變成極其清爽的口味，只適合當第一道菜。」

「鞍馬豆腐」也是油炸豆腐，不過有剝掉外皮，去除多餘油脂。坦白說，就口感而言，剝掉外皮沒有太大用處，唯一的好處就是吃起來不會水水的。

百珍中的第一百道料理就是「真之烏龍豆腐麵」。不僅使用整套餐具，擺盤之後看起來也很豐盛，我認為如果真的要品嘗豆腐原味，就要採用這樣的作法。使用的佐料包括白蘿蔔泥、辣椒粉、蔥花、陳皮、淺草海苔等，與現在的吃法相同。不過，原書也說，可以只搭配胡椒。胡椒在江戶時代已運用在各式料理中，不只是味道強烈的辛香料，也是用途廣泛的佐料。

綜觀所有絕品料理，可以發現在歷經了奇品與妙品之後，飲食概念又回歸為品嘗豆腐的原味。油炸過後還特地去油，也體現出日本料理不喜油膩的烹調型態。而將此概念發揚光大，就成為現代豆腐中，涼拌豆腐與湯豆腐的調理基礎。

22. 以樂燒（不用工具，只以手捏成型，低溫燒製）方式製成的茶碗。

九四

葛粉水煮炸豆腐

【材料】

木棉豆腐

炸油（芝麻油）

葛粉水（以葛粉勾芡的水）

山葵味噌（白味噌、芝麻醬、核桃、研磨山葵醬）

【作法】

① 豆腐去除水分，切成四方形，下鍋油炸。撈起後立刻放在水裡去油，再用剛煮好的葛粉水煮過。

② 將①的豆腐盛入盤子裡，放上山葵味噌。

試吃心得

這道豆腐帶有油豆腐的口感，裡面相當軟嫩。山葵味噌充分襯托出豆腐原味，令人一口接一口。

九五

辣料豆腐

【材料】

木棉豆腐
鰹魚高湯
醬油、少量的酒
生薑泥

【作法】

以醬油與酒調味大量高湯後，將豆腐放進高湯中，添加生薑泥，從早上燉煮至傍晚。生薑泥的份量要多一點，以煮出豆腐香氣。原書寫道，一塊豆腐要使用十塊手掌大小的薑。

試吃心得

喜歡生薑味道的人，這道料理絕對讓你難忘。

九六

礫田樂

【材料】

木棉豆腐

醬油

黃芥末醋味噌（白味噌、煮過的米酒、醋、黃芥末醬）

罌粟籽

【作法】

① 先將豆腐處理成田樂用的狀態，一根竹籤串上三片豆腐，使用與二「雉子燒田樂」（第十五頁）同樣的方法烤豆腐。烤好後拔出竹籤，將豆腐盛入盤裡。由於豆腐形狀很像礫石，因此取名「礫豆腐」。原書寫道建議使用附蓋的樂茶碗。

② 以煮過的米酒與醋適度稀釋味噌，再拌入黃芥末醬，製成黃芥末醋味噌。將黃芥末醋味噌淋在豆腐上，再灑上罌粟籽。

試吃心得

烤得焦香的豆腐與黃芥末醋味噌的組合，激盪出意想不到的美味。這是一道相當精緻的料理。

九七

湯豆腐

【材料】

木棉豆腐或絹濾豆腐

沾醬油（醬油、柴魚片）

葛粉水

佐料（蔥花、白蘿蔔泥、辣椒粉）

【作法】

① 先將醬油煮滾，放入柴魚片，添加少許熱水，再次煮沸。用篩子過濾備用。

② 將豆腐切成四方形或長方形，放入煮滾的葛粉水中，煮到豆腐浮起來即可起鍋。

試吃心得

葛粉水能讓豆腐口感更滑順。

在吹著寒風的冬季夜裡，這是最能溫暖人心的家常料理。

九八 雪消飯

【材料】

木棉豆腐或絹濾豆腐

冷飯

八杯汁（水或昆布高湯六、醬油一、酒一）

白蘿蔔泥

【作法】

① 以熱湯淋過冷飯，讓飯粒粒分明。原書使用的是以傳統煮法煮出來的撈飯[23]。

② 將豆腐切成烏龍麵的樣子（請參照第七十頁），以八杯汁煮過。將豆腐連同湯一起倒入預熱過的碗裡，放上白蘿蔔泥，再放上①的飯。

試吃心得

酒後來一碗清淡的豆腐湯飯，可以溫暖腸胃，補充體力。

23. 先將米放入水中煮滾，撈出後洗淨，再放入鍋裡蒸熟。

九九 鞍馬豆腐

【材料】

木棉豆腐
炸油
梅子醬
罌粟籽或胡椒粒
調和醬油（醬油與酒）
研磨山椒粉

【作法】

① 將豆腐橫切成兩半，放入油鍋炸，炸好後去皮，削成圓形。

② 以熱水煮 ① 的豆腐，放上梅子醬，再灑上罌粟籽或胡椒粒。此外，也可以用調和醬油煮 ① 的豆腐，再灑上研磨山椒粉。

試吃心得

特地剝掉豆腐皮，還用熱水或調和醬油煮過，即可充分去油。這個步驟能讓油味變成淡淡的鮮味，讓料理味道更加高雅。

百

真之烏龍豆腐麵

【材料】

絹濾豆腐

調和醬油（昆布高湯四、醬油一、酒一）

佐料（白蘿蔔泥、辣椒粉、蔥花、陳皮、淺草海苔。亦可只用胡椒粒）

【作法】

① 將豆腐切成烏龍麵的樣子（請參照第七十頁）。

② 混合調和醬油的材料，煮滾備用。

③ 準備兩個放滿熱水的鍋子。碗要先預熱好。

④ 以網勺撈起豆腐，整個浸入鍋中，接著立刻撈起，將豆腐放入碗裡，再倒入另一個鍋子中的熱水。佐料可以只用胡椒粒。

【試吃心得】

口感與湯豆腐截然不同，十分有趣。

生薑、山葵、蘘荷、
青山椒、核桃、青柚子

青海苔、紅辣椒、山椒粉、
火麻仁、芝麻、胡椒、
罌粟籽

黃芥末醬、
白蘿蔔泥、柴魚片
蔥花

造訪豆腐的故鄉

福田浩

安徽省淮南市「龍湖集貿市場」的豆腐店。

如果有豆腐化石……

我才剛結束尋訪豆腐之旅，從中國回到日本就發生這件事，我想這就是所謂的因緣巧合吧？

通常我都是開車去採購店裡的食材，搭電車到築地魚河岸市場的情況一年也不過兩、三次。那一天我正好搭電車，一大早的電車裡沒什麼乘客，我拿起網架上遺留的報紙坐下來閱讀。一打開報紙，就看到「漢代最大王墓首次公開」的新聞占據一整個版面，讓我精神為之一振。這座墳墓的主人為劉戊（？～前一五四年），是西漢開國皇帝劉邦弟弟的孫子。不過，這則新聞會讓我驚訝的原因在於，發明豆腐的人是劉邦的孫子淮南王劉安（？～前一二二年），而墓穴主人與劉安生活的時代相差不遠。

十六世紀，由李時珍撰寫的《本草綱目》中提到：「豆腐之法，始於漢淮南王劉安。」成為豆腐是由劉安發明的歷史定論之一。雖說淮南王劉安確實是歷史上存在的人物，卻沒有任何證據可以證明，豆腐真的是他發明出來的。後來我調查了許多歷史古籍，結果發現——

◆西元前二世紀《淮南子》：這本由劉安親自撰寫的書中，並沒有提到豆腐兩個字。

◆六世紀《齊民要術》：這本中國古代最完整的農業教科書中，也沒有關於豆腐的記載。

◆十世紀《清異錄》：首次出現豆腐兩字。

◆十六世紀《本草綱目》：首次出現「豆腐之法，始於漢淮南王劉安」的論述。

從上述資料即可推論，假設豆腐真的是淮南王劉安發明，從西元前二世紀到十世紀《清異錄》為止的一千一百多年間，為何完全沒有任何關於豆腐的記錄？這一點有違常理。基於這個緣故，現在學界大多認為豆腐是在九世紀到十世紀之間發明出來的。順帶一提，日本第一次出現豆腐相關記載的古籍，是十二世紀奈良春日神社的供品日誌，當時的豆腐叫做「唐符」。

由此即可斷定，豆腐不是淮南王劉安發明的。過去曾有過從新疆吐魯番的唐代古墳中，挖出餃子的先例；雖然我不認為這次能在漢王古墳中挖出硬化的豆腐，但我也不禁幻想，若真能挖出化石的豆腐，那麼淮南王劉安發明豆腐的傳說，就能獲得證實。話說回來，這座占地面積達八百五十平方公尺的墓穴中，雖然還有妃子的陪葬墓室，以及擺放陪葬品用的墓室，但其中最大的墓室卻是四十平方公尺左右的「庖廚間（廚房）」，真令人感嘆中國不愧是飲食王國。

不久前，我花了一年的時間拍完《豆腐百珍》的料理照片，於是興起了到中國親眼見識正統豆腐的念頭。這原本是一件好事，沒想到跟編輯提了之後，編輯鼓勵我寫下這趟尋訪豆腐之旅的過程，結果就變成蠟燭兩頭燒的處境，白天拿菜刀的手，到了晚上就提筆寫文章。

令我大吃一驚的冷豆腐

從成田機場出發，經過上海抵達北京機場時，天色已經很晚，我立刻搭上前來迎接的車子。司機黃先生也為中國政府接送國賓，他很驕傲地跟我說，之前日本首相橋本龍太郎造訪中國時，就是他用這輛車接送的。

後來抵達飯店，我將行李放到房間後，就到飯店裡的「潮州食苑」享用晚餐。我的重點就是豆腐料理，而菜單上共有四、五道。由於當天晚上相當悶熱，我排除熱騰騰的豆腐煲，點了稍微炸過之後，沾白醋與醬油食用的「潮式脆皮豆腐」，以及在豆腐裡填入蝦漿，再放入蒸籠蒸的豆腐料理。這是我在北京吃的第一道豆腐料理，心中難免緊張，不過味道差強人意。在一般日本人的印象中，中國豆腐吃起來稍硬，實際吃了之後，我發現其實兩地的豆腐差異並不大。

第二天，我到北京市豆製品第八工廠參觀。門口警衛向我行禮，我走進工廠內，在廠長的導覽下走了一圈。

北京市內共有九個豆製品工廠，目前還在運作的只有四個，其中以第八工廠最具代表性。第八工廠的面積很大，廠區內有好幾棟建築物，專門用來製造豆腐的作業區就有三百坪。這座工廠總共生產四百種豆腐製品，每天輪流做十種。夏季出貨量達兩噸，冬季更高達五噸，油豆腐皮也出口到日本。在這裡，十公斤的黃豆可製造出二十五到三十公斤的豆腐；在日本，十公斤的黃豆可製造出五十到六十公斤的豆腐，兩相比較之下，中國豆腐的豆味較濃。

結束參觀行程之後，我到附近的「芙蓉酒家」試吃工廠的豆腐製品。七道前菜中，共有五道使用豆腐製品：辣扶（方形炸豆腐塊）、素肝尖（形狀像肝臟一樣）、雜拌（涼拌麵狀豆腐與各種配料）、素蝦片（外形很像蝦子從背部切開的樣子）與腐皮（口感比日本腐皮紮實）。每道菜都是炸過或炒過，吃起來很有咬勁，味道嗆辣，屬於四川料理的口味。日本豆腐的含水量較高，油炸時必須徹底去除水分，但中國卻是製作時就做好了適合各種烹調方法的豆腐製品，對於他們花這麼多心思將單一材料變化出這麼多種可能，我深深感到敬佩。

陳列了十多種豆腐製品的國營市場，顧客絡繹不絕地上門。在這裡我看到相當特別的豆腐絲（切成麵狀的豆腐），以日本的豆腐來說，這是不可能做到的形狀。我在重現《豆腐百珍》的料理時，花很大的心力才做出結豆腐，要是使用豆腐絲，想必能輕輕鬆鬆就完成。

晚餐由中國食文化研究會副會長兼食品工業協會副會長李士靖先生作東，在龍潭湖附近的「京華食苑」享用素食料理。這裡的每道菜不僅清淡精緻，更洋溢高雅品味。在二十道前菜中，有六道豆腐料理。麻婆豆腐的高品質，更是推翻了我對於麻婆豆腐的既有看法。由於「京華食苑」的菜色實在太美味，我忍不住低頭猛吃，難得有幸與料理權威同桌，卻沒問到任何問題就結束了晚宴，真是浪費了這個大好機會。

席間又追加了兩道令我大吃一驚的冷豆腐，分別是將南豆腐（絹濾豆腐）和北豆腐（木棉豆腐）切成塊狀的料理。老闆說吃的時候要灑鹽，再搭配蔥花與芝麻油一起吃。一入口，我就深深拜倒在它的美味之下。濃郁爽口的黃豆香氣充滿口腔，鹽、油與蔥的簡單調味，更加襯托出豆腐原味，完全顛覆了中華料理很油膩的刻板觀念。需要用火烹調的豆腐料理會使用各種調味料，但最能展現生豆腐原味的調味料不是醬油，而是鹽。這個認知打開了我的任督二脈，這次品嘗生豆腐得到的體會，成為我之後試吃各種豆腐料理的判斷標準。而且回到日本之後，我還是經常沾鹽吃豆腐，

在京華食苑品嘗到中國豆腐料理的精髓。［左］以木棉豆腐做的北豆腐（上）、以絹濾豆腐做的南豆腐（下）。兩道菜都要搭配鹽、芝麻油和蔥花食用，入口後會在口腔裡散發出芳醇風味，令人回味無窮！

藉以判斷各種豆腐製品的優劣。

［上排右起］酸辣湯、鍋煽豆腐、一品豆腐
［下排右起］麻婆豆腐、蘭花豆腐、什錦拼盤

攝於河北省高碑店市自由市場。
前排全都是炸過或煮過的豆腐製品。

這是豆腐腦，名稱令人拍案叫絕，也是
有益健康的早餐。

切豆腐販售的情景。
所有小販都使用砝碼秤（桿秤）。

［左］怎麼看都像是麵類的豆腐絲。
［下］這是小吃店做的「涼拌五香豆腐絲」。充分攪拌蔥、紅蘿蔔、香菜與芝麻油，入味後即可食用。

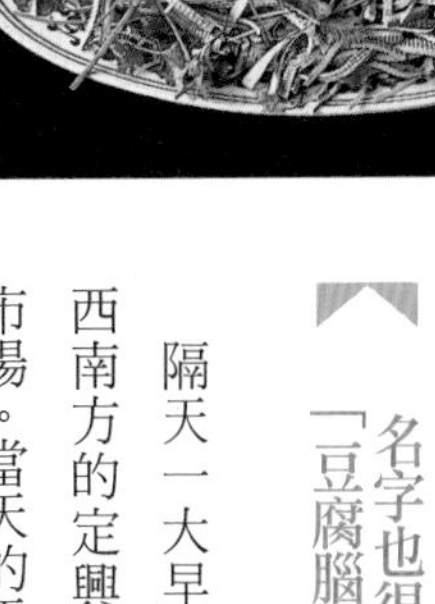

名字也很特殊的「豆腐腦」與「豆腐絲」

隔天一大早我就前往位於北京市西南方的定興縣，參觀當地的傳統市場。當天的天空還是一樣灰濛濛，分不清是陰天還是起霧，我們驅車駛上朝北京市西南方延伸的高速公路。一路上黃先生不斷介紹沿途風光，無論是盧溝橋或發現北京猿人的周口店，都被四周濃霧遮住了視線，我只能看到前方兩、三公尺處，無緣一睹景點風光。儘管如此，黃先生依舊無畏惡劣路況，持續前行。大約兩個小時後，我們在早上八點前抵達了高碑店市的自由市場。

長達三百公尺的道路兩旁，排列著滿滿的攤販。市場入口掛著一個寫有「西安風味豆腐腦」的招牌，只見爐火上放著一個大鍋，一塊塊豆腐腦漂浮在番茶色的湯裡。旁邊擺放著簡單的桌子與長凳，當地居民就拿著一碗豆腐腦坐在桌邊，把桌上的辣油、醬油往碗裡倒，再灑上一把香菜，就用塑膠湯匙吃了起來。在當地，油條或麵餅搭配豆腐腦，就是最常見的早餐。雖然環境不算整潔，但我還是叫了一碗豆腐腦，完全不加任何佐料，小心翼翼地喝了一口。入口之後，我發現它真的很好吃，口感很像凝固前的寄豆腐。湯汁沒有任何調味，不過帶有淡淡的焦香味。我問老闆娘這是西安口味嗎？但對方也說不清楚。

市場裡賣豆腐的小販，將豆腐放在正方形木箱中，用刀切下手掌大小的豆腐，重量約五百公克，售價為兩元人民幣（約三十圓日幣），再隨手將豆腐放在塑膠袋裡拋給客人。除了一整塊的豆腐之外，市場上也有明信片大小，厚度只有五、六釐米的薄豆腐，還有嫩心油豆腐、調味過的塊狀炸豆腐，以及紋路看起來像長頸鹿皮的豆腐片。據說那種豆腐片是在底部鋪上稻桿煮成的。有些小販光是炸豆腐就有好幾種。

還有好幾個小販，只賣我在北京市場看到的豆腐絲。豆腐絲看起來很像橡皮筋，長度可達六、七十公分，掛得高高的，吸引顧客目光。將豆腐絲放回箱子裡也不會斷裂。看到豆腐絲，讓我不禁聯想到《豆腐百珍》裡的「烏龍豆腐麵」和「麵線豆腐」。進一步追問之後，我才知道高碑店原來是豆腐絲的發祥地。

我真的很想知道豆腐絲是怎麼做的，於是拜託一位看起來很親切的賣豆腐絲老闆娘，讓我參觀製作過程，老闆娘很爽快地答應了。約了十一點到她家參觀，所以還有兩個小時左右的空檔。

大馬路對面也有一個市場，這個市場的兩側有一整排柳樹夾道，綿延五百公尺，景色優美。市場的一邊全都是服裝店，另一邊則是販售食品、食物的店家。由於天氣太熱，我打算休息一下。走到市場出口時，正好看到一家小吃店，於是我走進去點了啤酒，順便點了豆腐絲料理當小菜。只見老闆慢慢走出店裡，回來時手上多了一把豆腐絲。原來他剛剛是去買豆腐絲。老闆將豆腐絲切成適當長度，拌入紅蘿蔔、香菜與蔥，再淋上芝麻油，拌勻後就上桌了。這道小菜只要喝兩、三杯啤酒的時間就能完成，速度相當快。豆腐絲很有咬勁，真的很好吃，而且不像一般豆腐容易斷裂，調理時無需小心翼翼。或許就是因為較具韌性，所以才要切成細麵狀，方便咀嚼。

我一手拿著杯子，一邊看著菜單，發現了一道「熊掌豆腐」。我問老闆，難道是豆腐與熊掌一起入菜？老闆笑著回答，這道菜是將豆腐切成熊掌大小，再下鍋油炸。雖然我很想點來吃，但我跟老闆娘約定的時間快到了，只好作罷。

「豆腐絲」就是這樣做出來的

賣豆腐絲的老闆娘騎著腳踏車前行，黃先生開車慢慢跟在她後頭，三十分鐘之後，我們來到了充滿悠閒田園景致的農村。這個村子叫西辛告村，人口只有六百人，卻有四家豆腐店。

◉李漢友先生製作豆腐絲的過程◉

［右上］大鍋裡正在煮研磨機磨出的豆漿。負責維持火力的是李先生還在念小學的女兒。

［左上］倒入鹽滷，讓豆腐凝固。接著在木槽中鋪上棉布，倒入豆腐後反摺覆蓋。

［左］放上重物壓一個小時，將壓扁的豆腐掛在竿子上放涼。

［下方兩張照片］疊起十片豆腐，用尺壓住，再用菜刀沿著尺切開豆腐，即可切出豆腐絲。

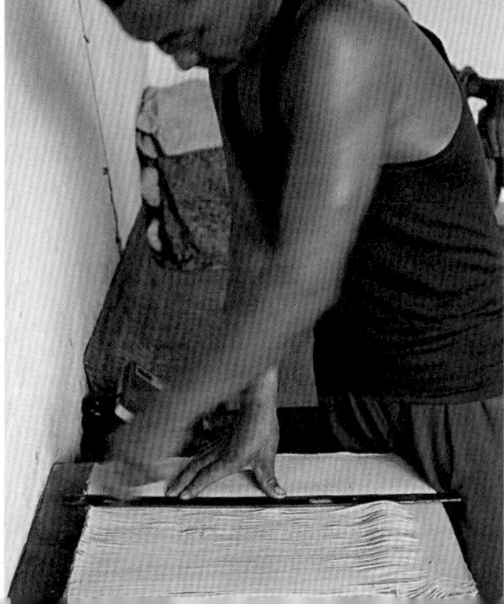

安徽省淮南市「龍湖集貿市場」的豆腐店。
這裡的豆腐是圓形的。
右邊方形的也是豆腐，名爲「白干」，大小約十公分見方。

這個外形奇特、長得像麻花的物體也是豆腐。

老闆娘手腳俐落地做出一個個結豆腐。

事不宜遲，我立刻拜託老闆李漢友先生，讓我參觀豆腐絲的製作過程。我簡單地整理如下：

將泡水一晚的黃豆撈起，放入研磨機裡，加水打成漿。研磨機會自動分離豆漿與豆渣，將豆漿倒入大鍋裡，而把豆渣再次放回研磨機中，榨出純豆漿。

用柴火熬煮大鍋裡的豆漿一個小時，煮的過程中會冒出許多泡泡，而且這些泡泡不會消掉。李先生還在讀小學的女兒，則拚命用風箱打氣，燒旺爐內柴火。

將煮好的豆漿倒入甕（直徑七十公分、深一公尺）時，整個空間瞬間充滿一股焦味。熱騰騰的豆漿溫度降至九十度之後，即可放入鹽滷。在以瓢瓜或葫蘆做的大湯勺（容量約一・八公升）中，倒入一勺（中式煮菜用湯勺）的鹽滷與水，然後再倒入豆漿裡。這個過程重複四次，攪拌兩、三次後，蓋上蓋子。

五分鐘後，將帶有一些小分叉的竹枝慢慢放入甕的正中間，小心觀察豆腐的凝固程度。接著在木槽（長五十、寬四十公分、深二十公分）底部，鋪上長數公尺、厚度較厚的乾棉布。以較大的平底湯勺，撈起兩勺凝固成乳酪狀的豆腐，倒入木槽裡。反摺棉布，再倒入豆腐。重複三十次。這個過程是由老闆夫婦一起完成，李先生負責撈豆腐，李太太負責反摺棉布，兩人合作無間，一下子就做好了。

將木框蓋在木槽上，蓋上蓋子，以桿秤秤出七十五公斤的重物，壓在豆腐上。

壓豆腐的時間為一個小時。夫妻倆趁這段時間清洗大鍋。他們拿出金屬刮刀用力刮著鍋底。由於煮豆漿過程中完全沒有攪拌，因此在鍋底的豆漿會燒焦，需要刮除。製作一般豆腐時，也跟做豆腐絲一樣不會攪拌，姑且不論這是不是西安才有的作法，剛剛倒豆漿時聞到的焦味就是這麼來的。

小心翼翼地撕開棉布，將一片片變薄、變硬的豆腐掛在繩子上。放涼後再全部疊在一起，用尺壓著，切成五公釐寬的細絲。最後再捲成一束，即大功告成。所有步驟都是由李姓夫婦和女兒，三個人共同完成。

在等待的時間裡，李太太還客氣地請我們吃午餐。那是李太太用爐灶烤的餅，餅中還夾著豆腐絲、蔥與胡瓜絲。餅烤得恰到好處，可說是人間美味。李姓夫婦家的庭院裡有雞跑來跑去，還有驢子在倉庫裡擺動著尾巴，感覺相當悠閒。由於我們是這個村子裡首次來訪的日本人，拍攝期間不斷有當地村民跑來看熱鬧，引起一陣騷動。最後還一起拍了紀念照，才向李姓夫婦告別。這個純樸的小農村令我終生難忘。

當天晚上，我離開北京，前往安徽省合肥市。

與「臭豆腐」的意外相遇

從合肥往北開車兩小時，終於抵達了「豆腐發祥地」淮南市。

當地最大的市集為「龍湖集貿市場」，屋頂採用拱廊設計，陽光穿透鋪著透明玻璃的屋頂，看起來整潔明亮。

入口的右邊是販售肉品、魚與乾菜類的小販，左邊是販售各種豆腐製品的店家，中間則是一大排販售蔬菜與辛香料的攤位，總計應該有三百間店。

這個市場裡的蔬菜很多，豆類食物更多，真不愧是豆腐發祥地。店家門口堆滿了一座座由黃豆、綠豆、紅豆與蠶豆堆成的小山，還有大量的豆芽菜。而且這裡的毛豆都已經剝掉豆莢與薄皮，真令人羨慕。在日本，每次吃毛豆時都要自己剝薄皮，真的很麻煩。

這裡有六、七間豆腐店。板子上的豆腐是圓形的，是將加了鹽滷的豆漿倒入直徑六十公分的竹簍之中，凝固後完成的。此外，這裡也有包裝好的市售豆腐，不過銷售狀況不佳。

還有一個長得像大型麻花的有趣豆腐製品，它叫素雞，通常都是切

在淮南市場遇見的臭豆腐。
擺放在市場店頭的黑色醃料浸泡著臭豆腐，散發出強烈臭味（上）；炸過後（下），臭味會變得較溫和。

將收割的黃豆鋪在路上讓汽車輾過，農民利用這個方式使黃豆脫殼。

成圓片入菜。在素雞旁邊還有打結的豆腐，我原本以為那是用腐皮做的，一問才知道是用豆腐做的。《豆腐百珍》中也有用生豆腐做的「結豆腐」，我自己做的時候真的覺得難度很高。如果不用徹底去除水分且黏性較高的豆腐來做，很難成功打結。

我仔細觀察來這裡買菜的當地居民，發現他們手邊的籃子裡，一定都有豆腐或是豆腐製品。由此可見，豆腐真的是他們每天必吃的食物。

事前我已經打聽過，來淮南市一定要吃的食物就是臭豆腐。臭豆腐是將切成薄片的豆腐放在大甕中，浸泡在黑色的液體裡發酵而成。雖然我已經習慣了鮒壽司（發酵的鯽魚壽司）與鹹鰺乾的臭味，但一靠近臭豆腐，還是臭到令我退避三舍。店家不肯向我透露，那個用來醃豆腐的黑色液體究竟是什麼，只告訴我臭豆腐要用炸的。我問老闆這附近有沒有店家可以吃到炸臭豆腐，結果老闆跟我說，臭豆腐屬於一般家常菜，沒有餐廳會賣這道料理。

後來，當地地陪的女兒說，她知道哪裡可以吃到臭豆腐，於是便帶我們過去。原以為她要帶我們去的店家會是一間小小髒髒的店，沒想到卻是一家速食小吃店。浸泡在神祕黑色液體裡，看起來像是放很久的臭豆腐，竟然在年輕人聚集的現代速食店裡販售，真令人難以想像。由此可見，臭豆腐經過時間的淬煉，已經成為當地人不可或缺的日常食物了。或許從臭豆腐中，可以看出豆腐剛發明出來時的風貌。

速食店將臭豆腐像做田樂料理那樣用竹籤串起來，在櫃台處放成一

賣梨子的少女。她們背後連綿不絕的山脈，就是八公山。

漢淮南王 ・ 劉安之墓。

八公山鄉的黃豆田。

這就是村名由來的「大泉」，村民都到此汲水使用。

座小山，炸過後再沾上味噌吃。雖然炸過之後還是很臭，但我認為喜歡吃的人，一定會一吃再吃，停不下來。

終於來到「豆腐的故鄉」

由於時間還很早，我們決定前往劉安長眠之地，亦即墓穴所在的「八公山」。卡車和運著石頭的小型四輪車不斷來往於街道上，聽說因為這附近是頁岩與石膏的產地，車輛才會那麼多。路邊還有叫賣梨子和石榴的小販，讓我們得以在炎熱的氣溫下止渴。

此時攝影師松藤先生要求停車，我還以為發生了什麼事，往窗外一看，看到一整片黃豆田。車都還沒停穩，就看到松藤攝影師咻地下了車，拿起相機不斷拍照。接著繼續駛向山間道路，單側馬路鋪滿剛收割的黃豆梗，農夫正在收集地上的黃豆，松藤攝影師又再度奪車而出，不停按下快門。仔細詢問農夫之後，才知道他們會將剛收割的黃豆梗鋪在路上，讓卡車或貨車輾過，利用這個方式使黃豆脫殼後，他們再來收集起脫殼完的黃豆。我詢問他們，是否可以分一些黃豆給我們，讓我們拍照用，不過他們不願意白白浪費黃豆，要以一公斤十元人民幣（約一百五十圓日幣）的價格賣給我們。於是他們拿起平時只能在日本骨董店看到的桿秤，開始秤黃豆。話說回來，我發現這次造訪的市區或市場裡的豆腐攤販，也都是用桿秤計量。

我抬頭望向四周，發現放眼所及都是山，而且是高度不高的平緩丘陵。八公山不是單一山脈，也不是指八座山。相傳淮南王門下有八位仙人，後來人稱為八公，山也因此得名。地陪告訴我，這裡所有看得到的山都叫做八公山，不禁令我感佩中國大陸幅員遼闊，地靈人傑啊！

抵達目的地後，我們先參觀「漢淮南王」之墓。墓穴高四公尺、寬一點五公尺，興建於清同治八年，距今約一百三十年歷史。沒想到是座新墓。可能在文革時期曾經遭破壞，墓穴上有兩、三條大裂痕。其他的石碑看起來也很新穎，令人感受不到豆腐的悠久歷史。

走下墓園的樓梯，看到原本無人看守的入口小屋，不知何時站著一位大嬸，對我們大聲叫喊。她說她

［上方兩張］在瑪瑙泉汲水的陸新珊小姐。
她說她每天都會來這裡五、六次，用水桶挑水回家。

是墓園管理員，要我們付門票。這麼偏僻的鄉下根本不是會有觀光客來玩，竟還有人收門票，我也不禁被這中國式思維搞得哭笑不得。

墓園正對面有一個寫著「中國豆腐村」的華麗大門，那道門聽說也是最近興建的。走過那道門時，頗有走進橫濱中華街大門的感覺，門後依舊是塵土飛揚的砂石路，零零星星地散落著泥土建造的房子，看起來跟一般農村沒有兩樣。這裡就是我們此行的終點「大泉村」。村裡共有二十四處泉水，人口約兩千人，全村六百戶中，有四百戶開豆腐店。如此高的比例令我大感驚嘆。

話先說到這裡，容我先去參觀這座村子的由來，也就是「大泉」。不斷湧出的泉源處，有十多名村民在此洗衣服，浸豆子，還有孩子在此玩水嬉戲。這和一般農村常見的光景沒兩樣。許多村民用扁擔扛著兩個水桶，到這裡汲水回家用。

這附近還有一個「瑪瑙泉」，那裡有一位年輕女孩正在汲水，她說她要用這裡的泉水做豆腐，於是我跟著她回家一探究竟。我們走在坡度平緩的坡道上，來到了她家門口。她家相當大，庭院裡的小狗、小貓與家裡養的雞，紛紛出來迎接我們。這家主人姓陸，陸家三姊妹做的豆腐在當地遠近馳名。

陸家三姊妹都是下午四點過後開始做豆腐，我們到訪的時間正是她們開始製作的時候，因此拜託她們讓我們在旁觀摩。她們的作業程序與西辛告村的李姓夫婦相同，不同之處在於，李姓夫婦使用鹽滷，陸家三姊妹使用石膏；陸家三姊妹不

［右］陸家三女陸新珊小姐將黃豆放入研磨機裡。［中］二女陸新萍小姐將豆腐倒入竹簍中。［左］將豆腐放在圓形竹簍中凝固。

用木槽，而是將豆腐倒入竹簍凝固。她們在竹簍底部鋪上布，倒入豆腐，再壓上兩、三顆石頭，避免布被風吹起。就這樣放在門前靜置一晚，第二天拿到市場上賣。我和她們約好，明天早上再來拜訪。

在中國的傳統市場遙想築地

隔天早上六點，我抵達豆腐村，看見許多成群結隊的人，從我昨天走過的那道大門裡走出來。他們都是要去傳統市場賣豆腐的小販。有些人將豆腐放在腳踏車後座上，也有人用扁擔挑著豆腐，用自己的雙腳走到市場。這景象用螞蟻雄兵來形容，真的是一點也不為過。姑且不論史實的真偽，看到這個場景，我真的相信這裡就是豆腐的故鄉。

陸家三姊妹中的兩個姊姊將七個裝有豆腐的竹簍，分別固定在腳踏車後座上，慢慢牽著腳踏車，走下坡道。她們在附近店家卸下三個竹簍之後，再由大姊獨自踩著腳踏車到市場去。

陸家大姊的體力真是驚人，每個竹簍裡的豆腐重達十五公斤，她載著四個竹簍，竟然能騎上三十多分鐘還面不改色。大泉村裡辛勤工作的女性和小孩，都不禁令我深受感動。陸家大姊要去的市場位於淮河支流畔的壽縣。壽縣的東西南北四個門都有傳統市場，陸家大姊固定擺攤的地點是西門市場。

壽縣的城牆是在宋朝興建的，走進城門就能聽到人潮熙來攘往的聲音。老實說，城內面積並不大，而且整座城的氣氛相當祥和，恍如置身往昔年代。這裡的市場也跟其他鄉鎮的市場一樣，擺滿各種當地食材，現撈的河魚與河蝦不只新鮮，品質更是有保障。擺在攤子上的河蝦，每一隻都晶瑩剔透。

這樣的場景讓我聯想到東京中央批發市場。對東京餐廳而言，它不僅是最近、最方便的市場；對觀光客來說，那裡網羅了世界各地的魚和蔬菜，逛起來新奇有趣。遺憾的是，那裡的商品雖然種類眾多，但並不代表豐富。正因為東京中央批發市場最多的就是冷凍或養殖魚類，所以缺少了打從心底湧現的活力。大型市場偏頗的經營型態會直接反映在一般人的日常飲食上。

言歸正傳，從壽縣的西門市場回來後，下午我又到大泉村的另一間豆腐店拜訪。

這間豆腐店就在陸家三姊妹住家的旁邊，老闆張先生也是用石膏凝固豆腐。他將豆腐倒入甕中，放入一根大鐵棒，利用水蒸氣煮豆漿。這個方式可以避免爐火將豆漿煮焦。張先生特地請我喝剛煮好的豆漿。他的豆漿顏色很白，而且完全沒有焦味，真的很好喝。後來發生了一件有趣的事，就在豆腐剛凝固好時，附近鄰居的兩歲小娃兒就跑到甕旁邊，拚命伸長脖子往甕裡看。張先生舀了一些豆腐放在甕邊，那個小娃兒立刻就吸進嘴裡。據說這孩子每天都會在豆腐做好時跑過

早上六點，許多村民陸續走出宛如橫濱中華街大門的大泉村村門，前往市場賣豆腐。
左邊牽著與推著腳踏車的女孩，就是陸家大姊與二姊。

鄰居的小孩也跑來品嘗剛做好的美味豆腐。

來。孩子的味覺不會騙人，可見張先生的豆腐有多好吃。

在中國的傳統市場遙想築地

從八公山返回淮南市的途中，有幾間豆腐料理餐廳。其中有兩間餐廳開在一起，我們決定下車一探究竟。下車後，我發現這兩間餐廳截然不同。

第一間餐廳的外牆鋪滿磁磚，有冷氣與包廂；另一間餐廳則完全沒有任何裝潢。我在這兩間餐廳各點了三道招牌豆腐料理，湊巧他們都有「鍋貼豆腐」（以油煎過豆腐後，再倒入蛋汁），正好拿來比較。有趣的是，做出來的料理味道，完全顛覆了餐廳呈現出來的形象。沒什麼裝潢的餐廳口味尚可，裝潢得美輪美奐的餐廳卻相當難吃；在價格方面，沒什麼裝潢的餐廳只要六十元人民幣，裝潢得美輪美奐的餐廳卻索價四百元人民幣，讓我瞠目結舌（討價還價之後，餐廳最後只收七十元人民幣）。

我們在淮安市最後造訪的餐廳，裡面只有三三兩兩的客人。我問老闆店裡有什麼料理，老闆竟然說他們有八百道菜色。於是我請老闆給我菜單，細數之下確實超過百道料理，或許老闆說的八百道並非隨口胡謅。

江戶時代撰寫《料理通》一書的八百善老闆栗山善四郎，曾經自述為了深入研究精進料理與桌袱料理，而到京坂一帶和長崎遊學。近代知名的美食家北大路魯山人，在造訪中國、韓國之後，也明顯改變

大泉村張先生家的一景。
用布包起來的豆腐在戶外放一晚。去除多餘水分後，吃起來比日本豆腐有咬勁。

我在兩間開在一起的豆腐料理餐廳，各叫了三道菜。右邊照片的上方與左邊照片的左邊那道菜，都是「鍋貼豆腐」。評比結果請參照本文。

了自己的料理風格。

這次的中國之旅，讓我十分羨慕中國擁有如此多樣化的豆腐製品。不只是硬的、軟的、各種外形，亦或是油炸，各種二次製品的種類非常豐富。正因如此，中國才會發展出各種不同的豆腐料理吧。

日本豆腐只追求乾淨的水、生吃時能吃出美味就好；相對於此，中國廚師對於如何將豆腐烹煮得更美味，則表現出無與倫比的執著態度。雖然其中也有些我完全無法理解的料理，但以大火與油調理出的菜色，確實令我甘拜下風。

為了重現《豆腐百珍》的料理，這一年來我四處奔波，每天都很忙碌，得到的收獲卻遠不及我在中國待一週，探尋豆腐歷史發展與現況的體會。雖然大家都知道每個領域都有本家或始祖，但不親身去感受，根本無法理解發祥地的堅強實力。在發祥地體會到的經驗只要實際運用出來，即使只有一部分，也絕對能讓你的人生更加精彩。

地圖製作……J-map

【Eureka】ME2060Y

豆腐百珍：一百道江戶古法傳授的豆腐料理專書
とうふひゃくちん

作　　者　福田浩、杉本伸子、松藤庄平
譯　　者　游韻馨
封面設計　謝佳穎
內頁排版　廖勁智
總 編 輯　郭寶秀
協力編輯　章逸旻
行銷企畫　許弼善

發 行 人　凃玉雲
出　　版　馬可孛羅文化
104台北市中山區民生東路二段141號5樓
電話：886-2-25007696
發　　行　英屬蓋曼群島商家庭傳媒股份有限公司城邦分公司
104台北市中山區民生東路二段141號11樓
客戶服務專線：(886)2-25007718；25007719
24小時傳真專線：(886)2-25001990；25001991
讀者服務信箱：service@readingclub.com.tw
劃撥帳號：19863813　戶名：書虫股份有限公司
香港發行所　城邦（香港）出版集團有限公司
香港灣仔駱克道193號東超商業中心1樓
E-mail: hkcite@biznetvigator.com
馬新發行所　城邦（馬新）出版集團 Cite (M) Sdn Bhd
41, Jalan Radin Anum, Bandar Baru Sri Petaling,
57000 Kuala Lumpur, Malaysia.
Tel: (603)90563833
E-mail: services@cite.my
製版印刷　前進彩藝有限公司
三版一刷　2023年9月
定　　價　380元（紙書）
定　　價　266元（電子書）

ISBN：978-626-7356-06-7（平裝）
ISBN：9786267356074（EPUB）
城邦讀書花園
www.cite.com.tw

國家圖書館出版品預行編目（CIP）資料

豆腐百珍：一百道江戶古法傳授的豆腐料理專書／福田浩, 杉本伸子, 松藤庄平作；游韻馨譯. -- 三版. -- 臺北市：馬可孛羅文化出版：英屬蓋曼群島商家庭傳媒股份有限公司城邦分公司發行, 2023.09
面；　公分. --（Eureka；ME2060Y）
譯自：とうふひゃくちん
ISBN 978-626-7356-06-7（平裝）

1.CST: 豆腐食譜

427.33　　112012862

〔原書按〕
協力廠商：石山豆腐店、ENJYU豆腐店、悅、柿之木、宏西堂、萬葉洞、星之樹、丸山商店

本書係根據《豆腐百珍》（蜻蜓之書系列，一九九八年一月出版）內容修訂而成。
〈造訪豆腐的故鄉〉一篇，則是根據《藝術新潮》一九九八年一月號的
〈江戶料理人造訪豆腐的故鄉「中國」〉內容重新編撰